Die Bibliothek der Technik
Band 352

Multisensor-Koordinatenmesstechnik

Dimensionelles Messen mit Optik, Taster und Röntgentomografie

Ralf Christoph und
Hans Joachim Neumann

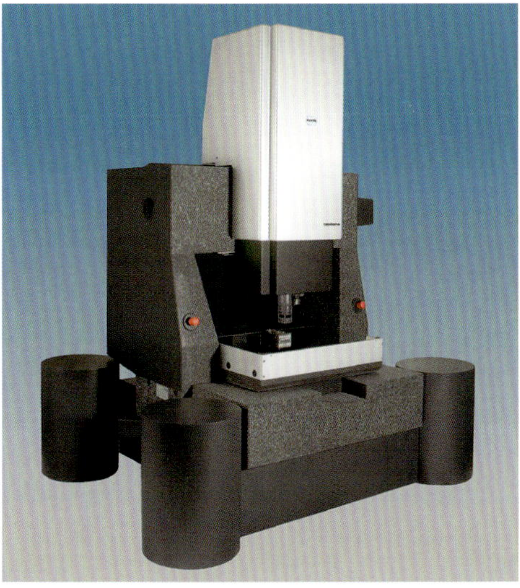

verlag moderne industrie

Dieses Buch wurde mit fachlicher Unterstützung der
Werth Messtechnik GmbH erarbeitet.

2., überarbeitete Auflage

www.sz-scala.de
Abbildungen: Werth Messtechnik GmbH, Gießen
Satz: JournalMedia GmbH, 85540 München-Haar
Druck und Bindung: optimal media GmbH, 17207 Röbel/Müritz
Printed in Germany 236124
ISBN 978-3-86236-124-3
(ISBN 978-3-86236-050-5 Erstausgabe, erschienen 2013 bei
Süddeutscher Verlag onpact GmbH)

Inhalt

Koordinatenmesstechnik im Wandel

Koordinatenmessgeräte dienen zum Messen geometrischer Merkmale von Werkstücken wie Länge, Durchmesser, Winkel, Winkligkeit und Parallelität. Manche Geräte können zusätzlich für weitere Aufgaben wie Rauheitsmessungen oder Defektprüfungen eingesetzt werden.

Messmikroskope – erste Koordinatenmessgeräte

Die ersten Koordinatenmessgeräte waren die in den 20er-Jahren des vorigen Jahrhunderts eingeführten Messmikroskope. Etwa 1970 entstanden taktile Geräte mit automatischer Steuerung. Ebenfalls in den 70er-Jahren entwickelte Dr.-Ing. Siegfried Werth das Werth Tastauge, den ersten optoelektronischen Sensor für Messprojektoren, der ein automatisches Antasten von Objektpunkten gestattete. In Verbindung mit NC-Achsen ermöglichte es diese Sensorik 1980 erstmals, auch optische Koordinatenmessgeräte zu automatisieren.

Bildverarbeitung ersetzt den Messprojektor

Im Verlauf der 1990er-Jahre wurden die in der berührungslosen Koordinatenmesstechnik bis dahin noch dominierenden Messmikroskope und Messprojektoren weitgehend durch Koordinatenmessgeräte mit Bildverarbeitungsverfahren abgelöst. Wesentliche Voraussetzungen hierfür waren die Entwicklung moderner Halbleiterkameras und die Einführung der PC-Technik mit geeigneter Software. Die zusätzliche Integration von Laserabstandssensoren führte zu ersten Multisensor-Koordinatenmessgeräten (Abb. 1). Derartige Geräte verfügen oft sowohl über berührungslose als auch über berührende Sensoren und vereinen so das optische und das taktile Messen. Erst diese Kombination ermöglicht es, eine große Anzahl industrieller Aufgabenstellungen zu erfüllen.

Multisensorik schafft Flexibilität

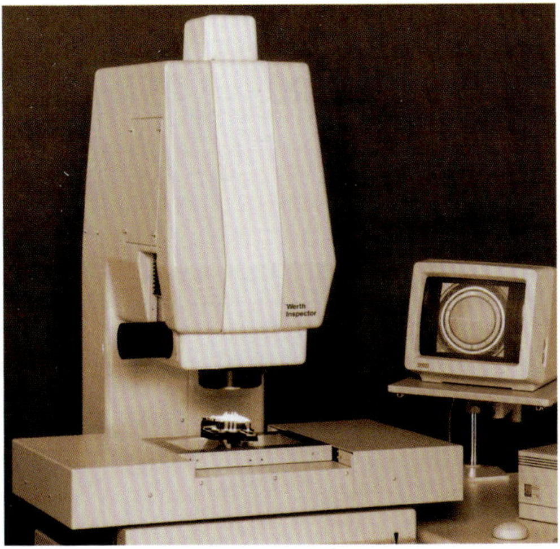

Abb. 1:
Werth Inspector® (1987): Multisensor-Koordinatenmessgerät mit Bildverarbeitung und integriertem Lasersensor

Durch die wachsende Komplexität der Teile und ihre Miniaturisierung gewinnen insbesondere optoelektronische Sensoren an Bedeutung. Ihre hohe Messgeschwindigkeit ermöglicht wirtschaftliches und produktionsnahes Messen. Taktile Sensoren sind aber weiterhin zum Messen bestimmter Merkmale unentbehrlich.

Röntgentomografie ermöglicht vollständiges Messen

Im Jahr 2005 wurde mit dem Werth TomoScope® ein erstes Koordinatenmessgerät mit Röntgentomografie eingeführt. Mit dieser Technik wurden neue Messmöglichkeiten erschlossen. Komplexe Werkstücke mit vielen Maßen einschließlich innen liegender Merkmale können damit in kurzer Zeit vollständig gemessen werden.

Im Prinzip werden bei allen Koordinatenmessgeräten die Maß-, Form- und Lagebestimmungen auf die Ermittlung und anschließende mathematische Auswertung der räumlichen Koordinaten von Einzelpunkten reduziert. Die meisten Geräte basieren auf kartesisch angeordneten Koordinatenachsen mit linearen

Maßstäben. Die Messschlitten in den Achsen werden überwiegend durch Motoren bewegt. An einer der Achsen, meist an der senkrechten (z-Pinole), ist mindestens ein Sensor angebracht, der zum Aufnehmen der Messpunkte auf der Oberfläche der Messobjekte dient. Allen Sensoren ist gemeinsam, dass sie die Messpunkte in Bezug zur Sensorposition bestimmen. Die Relativposition zwischen Sensor und Werkstück wird durch die Bewegung der mechanischen Achsen des Koordinatenmessgeräts so variiert, dass nacheinander alle interessierenden Messpunkte erreicht werden. Durch Überlagerung der Messwerte des Sensors mit der Sensorposition im Koordinatenmessgerät entstehen Messpunkte im Koordinatensystem des Geräts (Abb. 2). Diese Punkte werden durch die Gerätesoftware zu geometrischen

Überlagerung von Sensor- und Gerätekoordinaten

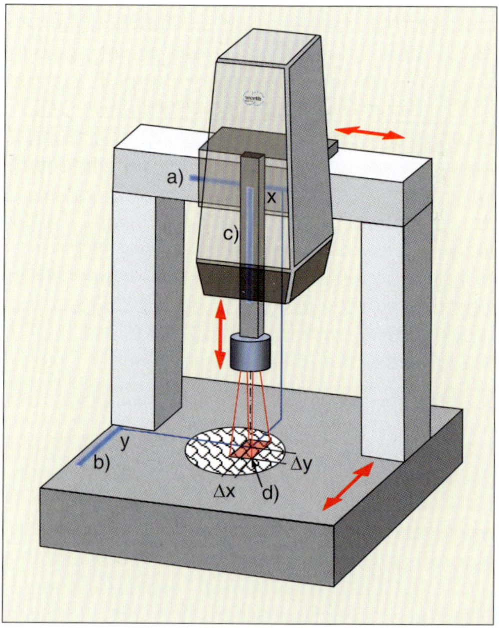

*Abb. 2:
Überlagerung von Sensormesswerten und Sensorposition in Gerätekoordinaten, dargestellt in der xy-Ebene:
a) x-Maßstab
b) y-Maßstab
c) z-Maßstab
d) Messpunkt ($x+\Delta x$, $y+\Delta y$)*

Elementen (z. B. Gerade, Zylinder) verknüpft, aus denen Maße (Abstand, Durchmesser) ermittelt werden. Diese Messergebnisse lassen sich grafisch und tabellarisch darstellen.

Vielseitig, präzise und wirtschaftlich messen

Wegen ihrer Vielseitigkeit, Präzision und Wirtschaftlichkeit hat die moderne Koordinatenmesstechnik häufig Einzweckmessgeräte ersetzt und einen sehr hohen Stellenwert in den Qualitätssicherungsprozessen erreicht. Die vielfältigen Funktionen dieser Geräte eröffnen dem Anwender zahlreiche Einsatzmöglichkeiten, verlangen jedoch fundiertes Wissen über ihre Funktion und Anwendung. In dem im Jahr 2003 in erster Auflage erschienenen Band »Multisensor-Koordinatenmesstechnik« (Die Bibliothek der Technik, Band 248) wurden die Multisensorik und ihre technischen Hintergründe erstmals zusammenhängend dargestellt. Zwischenzeitlich wurden Aspekte dieser Technologie auch in anderen Veröffentlichungen berücksichtigt, deren Schwerpunkt jedoch eher auf dem taktilen Messen liegt [1, 2, 3].

Schwerpunkt Sensorik

Im vorliegenden Band 352 (2. Auflage, 2019) der Reihe Die Bibliothek der Technik werden die technischen Grundlagen der heutigen Multisensor-Koordinatenmesstechnik erläutert. Den Schwerpunkt bilden die Sensoren, aber auch wichtige Aspekte der Gerätetechnik und Anwendung sowie der Genauigkeit und Wirtschaftlichkeit werden intensiv betrachtet.

Sensoren

Bei der Auswahl der Sensoren müssen die Bedingungen am Messobjekt wie die Größe der zu messenden Merkmale, die Anforderungen an die Genauigkeit sowie die Berührungsempfindlichkeit berücksichtigt werden. Die Auswahl des Sensors oder – bei Multisensoranwendungen – der Sensoren ist somit grundsätzlich unter Berücksichtigung der Messaufgabe zu treffen. Auch wirtschaftliche Gesichtspunkte wie die Messzeit und Kosten spielen hierbei eine Rolle.

Der Aufbau der Sensoren aus Mechanik, Optik, Elektronik und Software ist sehr verschieden. Dies führt zu sehr unterschiedlichen Eigenschaften, deren prinzipielles Verständnis für den optimalen Einsatz erforderlich ist. Die Sensoren können über einen eigenen Messbereich verfügen (messende Sensoren) oder nur das Überschreiten eines Schwellwerts erkennen (schaltende Sensoren) (Abb. 3). Die Wirkungsrichtung der Sensoren kann auf eine oder zwei Koordinatenachsen reduziert sein

Schaltend und messend

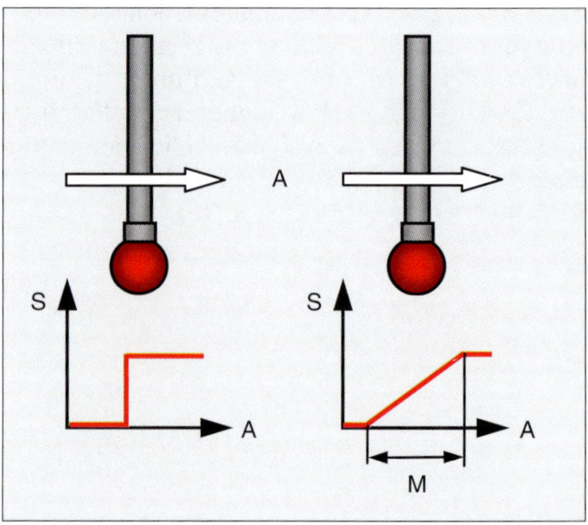

Abb. 3: Schaltende (links) und messende Sensorik (rechts) im Vergleich:
A Auslenkung
S Signalverlauf
M Messbereich

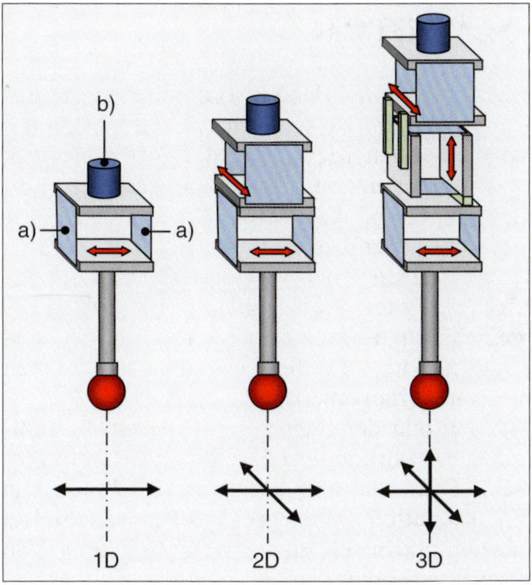

Abb. 4: Ein-, zwei- und dreidimensionale Sensorik: prinzipielle Darstellung der Kinematik ohne Messsysteme:
a) Federparallelogramm
b) Aufnahmezylinder

1D, 2D und 3D

(1D-, 2D-Sensoren) oder alle drei Achsen umfassen (3D-Sensoren) (Abb. 4). Die Messwerte der jeweils nicht messenden Achsen sind durch die Sensorposition gegeben (z. B. Lage der Messachse des Kugelmittelpunkts bei 1D-Tastern oder Lage der Objektebene bei der Bildverarbeitung). Sensoren können Einzelpunkte (Punktsensoren), Konturen (Liniensensoren) oder Oberflächenbereiche (Flächensensoren) messen (Abb. 5). Die genannten Eigenschaften können nahezu beliebig kombiniert auftreten (s. Abb. 57, S. 90).

Punkte, Linien und Flächen

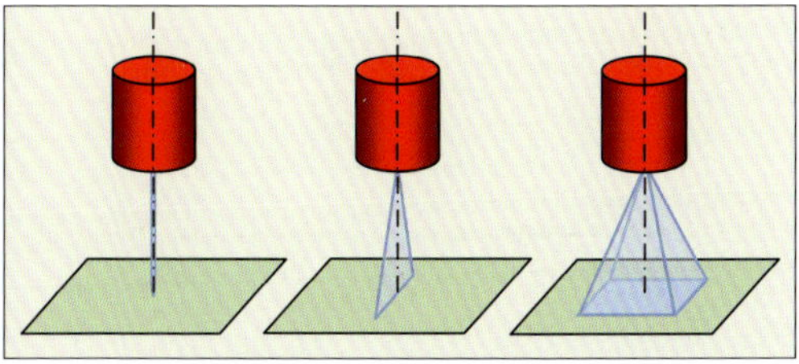

Abb. 5: Messung von Punkten, Linien oder Flächen

Konturerfassung durch Scannen

Das Scannen von Konturen z.B. für die Messung von Form- und Lagetoleranzen ist mit messenden Sensoren (messender Taster, Abstandssensoren) im Zusammenwirken mit den Geräteachsen durch geeignete Regelungsverfahren möglich. Ein schaltendes Tastsystem bietet diese Funktion prinzipiell auch, benötigt jedoch sehr lange Messzeiten. Beim Scannen mit einer Bildverarbeitung werden automatisch mehrere Bilder während einer Konturverfolgung zu Gesamtkonturen aneinandergefügt. Die Größe der zu scannenden Konturen ist nicht durch den Sensor, sondern durch den Messbereich des Koordinatenmessgeräts begrenzt.

Ein weiteres wesentliches Unterscheidungskriterium der Sensoren ist das physikalische Prinzip der Übertragung des primären Signals. Die Mehrzahl der heute üblichen Sensoren lässt sich diesbezüglich den Kategorien optisch und taktil zuordnen (Abb. 6). Bei *optischen Sensoren* wird die Information über die Lage eines

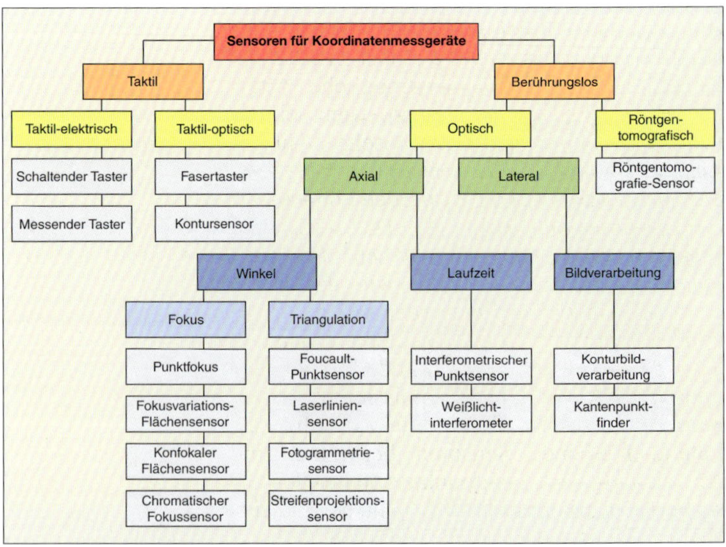

Abb. 6: Gliederung der Sensoren nach dem physikalischen Prinzip

Messpunkts durch Licht vom Objekt zum Sensor übertragen. *Taktile Sensoren* gewinnen diese Information durch Berühren des Messobjekts mit einem Tastelement, meist einer Tastkugel. Beim *Röntgentomografie-Sensor* wird ein Objektbereich von der Röntgenstrahlung durchdrungen und aus den Durchstrahlungsbildern die dreidimensionale Geometrie des Messobjekts rekonstruiert. Hieraus wird auf die Lage der Messpunkte geschlossen.

Optisch, taktil und röntgentomografisch

Optische Sensoren

Über Jahrzehnte war das menschliche Auge der einzig verfügbare »Sensor« für optische Koordinatenmessgeräte wie Messmikroskope und Messprojektoren. Das visuelle Messen führt zu subjektiv bedingten Messabweichungen. Dazu zählen die Parallaxenfehler (schräges Anvisieren) und Fehlmessungen von Hell-Dunkel-Übergängen (z. B. an Kanten) aufgrund der logarithmischen Lichtempfindlichkeit des menschlichen Auges. Trotz aller Nachteile stellt das visuelle Antasten auch bei modernen Geräten die letztmögliche Alternative dar. Sie wird eingesetzt, wenn die zu messenden Objektstrukturen sehr schlecht sichtbar sind und die geometrischen Merkmale nur noch intuitiv gefunden werden können.

Optoelektronik ersetzt das Auge

Heute werden die Aufgaben des Auges beim Messen von optoelektronischen Sensoren übernommen. Diese wirken wie das Auge beim Messmikroskop entweder senkrecht zur optischen Achse in der Objektebene (laterale Sensoren – Bildverarbeitung) oder entlang der optischen Achse beim Fokussieren (axiale Sensoren – Abstandssensoren, s. Abb. 6). Lateral messende Sensoren bestimmen die Abweichung der Objektpunkte von der Sensorachse (Sensorkoordinaten x, y in der Objektebene). Hierfür wird meist das Messobjekt

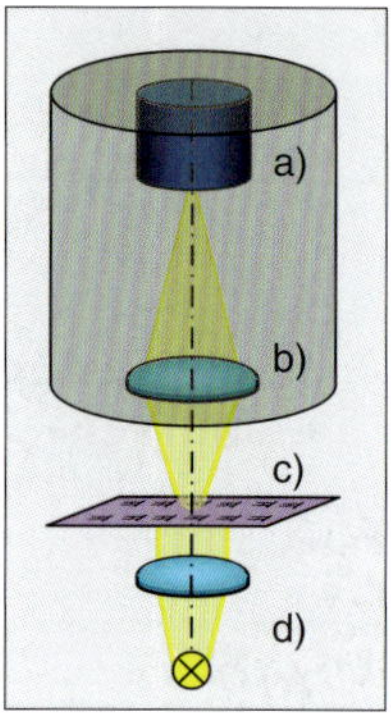

Abb. 7:
Prinzipieller Aufbau eines lateral messenden Sensors mit optischer Objektabbildung:
a) Sensor
b) Objektiv
c) Messobjekt
d) Beleuchtung

beleuchtet und mit einem Objektiv auf den Sensor abgebildet (Abb. 7).
Punktförmig abtastende Sensoren aus dieser Gruppe (z.B. Werth Tastauge) erlauben das automatisierte schaltende »Antasten« von Kanten und das Fokussieren bei gutem Kontrast. Sie sind somit praktisch nur im Durchlichtverfahren einsetzbar. Wegen dieser Einschränkung finden solche Sensoren kaum noch Anwendung. Es werden heute überwiegend flächenhaft messende Bildverarbeitungssensoren eingesetzt, die auch weniger kontrastreiche Bilder auswerten können. Bei Spezialanwendungen wird auch mit Verfahren gemessen, bei denen die Breite eines Objekts (z.B. Spaltmaß oder Wellendurchmesser) durch Auswertung eines Laserlichtvorhangs bestimmt wird.
Mit lateral messenden Sensoren können nur Messungen zweidimensionaler (2D) bzw. gestufter (2½D) Objekte durchgeführt werden. Um mit optischen Sensoren eine dreidimensionale (3D) Messung von Werkstücken ausführen zu können, benötigt man zusätzliche Verfahren zum Messen entlang der dritten Koordi-

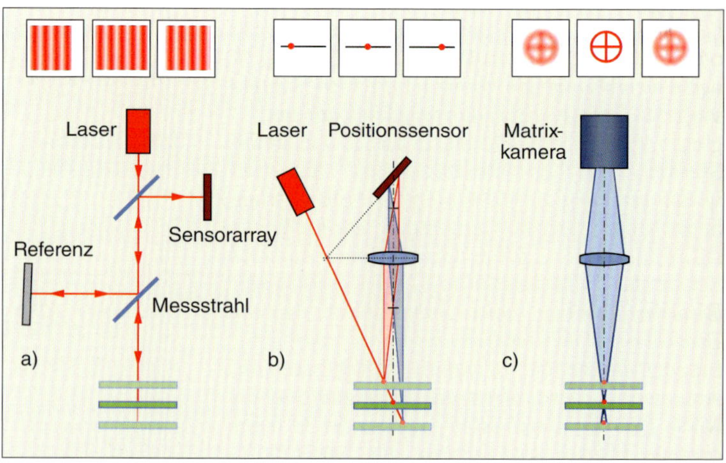

natenachse. Da die hierfür verwendeten Sensoren den Abstand zwischen dem Sensor und der Werkstückoberfläche ermitteln, werden sie auch als Abstandssensoren oder axial messende Sensoren bezeichnet. Diese Abstandssensoren wirken nach unterschiedlichen physikalischen Prinzipien, die sich grob in laufzeit- und winkelbasierende Verfahren einteilen lassen (s. Abb. 6). Die Laufzeit eines Lichtstrahls vom Sensor zum Objekt und zurück lässt sich für kurze Distanzen derzeit noch nicht direkt, sondern nur durch Interferometer bestimmen. Die Winkelbeziehungen zwischen Messstrahl und Sensor bzw. zwischen der Öffnung der Optik und dem Arbeitsabstand werden bei Triangulations- und Fokusverfahren zur Bestimmung des Abstands genutzt (Abb. 8).

Laufzeit- oder Winkelmessung

Abb. 8 (gegenüber): Abstandsmessverfahren:
a) Interferometer (Laufzeit): Der Abstand zum Objekt kann durch Interferenz aus der Laufzeitdifferenz zwischen Referenz- und Messstrahl ermittelt werden.
b) Triangulation (Winkel): Der Abstand zum Objekt kann aus der Lage des Lichtflecks im Messfeld und dem bekannten Triangulationswinkel bestimmt werden (Sensoranordnung nach Scheimpflug zur Vermeidung von Unschärfen).
c) Fokusverfahren (Winkel): Der Abstand zum Objekt wird aus dem Fokuszustand bestimmt, die Defokussierung hängt vom Aperturwinkel ab.

Die Vorteile optischer Sensoren für die Anwendung liegen im berührungslosen Messen. Hierdurch können sowohl empfindliche Werkstücke als auch solche mit kleinen Merkmalen gemessen werden. Kunststoffteile, optische Funktionsflächen, biegsame Blechteile und Bauteile für die Mikromechanik (Implantate, Uhren) sind typische Messobjekte. Durch das berührungslose Messen kann das bei kleinen oder elastischen Teilen schwierige Aufspannen entfallen. Mit optischen Sensoren werden viele Messpunkte sehr schnell oder sogar gleichzeitig erfasst. Im Vergleich zu anderen Sensoren führt ihr Einsatz deshalb meist zu wesentlich kürzeren Messzeiten. Sie werden aus diesem Grund für verschiedenste Werkstücke in der Fertigungskontrolle eingesetzt.

Bildverarbeitungssensoren

Die Bildverarbeitung gehört wegen ihrer flexiblen Einsatzmöglichkeiten sowie der guten Visualisierung des Objekts und der gemessenen Merkmale zur Grundausstattung der meisten optischen und Multisensor-Koordinatenmessgeräte. Ähnlich der Bilderzeugung beim visuellen Messen mit Messmikroskopen wird das Messobjekt in der in Abbildung 7 (S. 12) vereinfacht dargestellten Weise durch ein Objektiv auf eine Matrixkamera abgebildet. Die Kameraelektronik wandelt die optischen Signale in ein digitales Bild um, das zur Berechnung der Messpunkte in einem Auswerterechner mit entsprechender Bildverarbeitungssoftware herangezogen wird. Hierbei wird die Intensitätsverteilung in diesem Bild ausgewertet. Maßgeblichen Einfluss auf die Leistungsfähigkeit von Bildverarbeitungssensoren haben die Einzelkomponenten wie Beleuchtungssysteme, Abbildungsoptik, Halbleiterkamera, Signalverarbeitungselektronik und Bildverarbeitungsalgorithmen [1, 4].

Telezentrie für konstanten Abbildungsmaßstab

Eine Abbildungsoptik mit telezentrischem Objektiv führt zu den geringsten Messabweichungen. Durch die Telezentrie bleibt der Abbildungsmaßstab bei Veränderung des Objektabstands innerhalb des Telezentriebereichs nahezu konstant (Abb. 9). Eine Blende bewirkt, dass für jeden Bildpunkt nur nahezu parallele Lichtstrahlen an der Bilderzeugung beteiligt sind. Dies ist insbesondere bei Objektiven mit

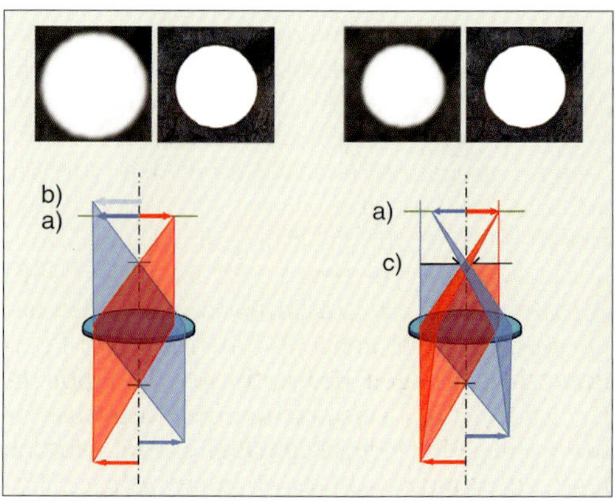

Abb. 9:
Bei der nicht telezentrischen Abbildung (links) verändern sich die Schärfe und Bildgröße mit dem Objektabstand. Bei der objektseitig telezentrischen Abbildung (rechts) bleibt die Bildgröße hingegen nahezu gleich.
a) Sensorebene
b) virtuelle Bildebene
c) Blende

geringen Vergrößerungen wichtig, denn diese weisen eine große Schärfentiefe auf, weshalb nur grob auf das Objekt fokussiert werden kann. Die beste Qualität erreichen telezentrische Objektive mit fester Vergrößerung.

Für die Anwendung ist es sinnvoll, hohe und niedrige Vergrößerungen zu kombinieren. So sollen z. B. weniger genau tolerierte Merkmale möglichst schnell in einem Bild gemessen oder auch bei grober Positionierung auf dem Messgerät noch gefunden werden. Zugleich kann die Forderung bestehen, eng tolerierte Merkmale in kleinen Bildfeldern hochgenau zu messen. Durch Wechseln der Objektive können mit einem Revolver verschiedene Vergrößerungen eingestellt werden. Der Nachteil liegt in der oft unzureichenden Reproduzierbarkeit beim Wechsel. Durch Strahlteilung des Abbildungsstrahlengangs lassen sich ebenfalls zwei oder mehr Objektive kombinieren. Allerdings können dunkle Messobjekte wegen des Lichtverlusts bei der Strahlteilung möglicherweise nicht gemessen werden. Da meist nur zwei verschiedene Vergrößerungen erforderlich sind, besteht ein eleganter Weg darin, zwischen zwei nebeneinander angebrachten vollwertigen Bildverarbeitungssensoren mit unterschiedlicher Vergrößerung durch Positionieren der ohnehin vorhandenen präzisen Geräteachsen umzuschalten. Die Vergrößerung gebräuchlicher telezentrischer Objektive reicht von 0,1 bis 100 bei Sehfeldgrößen von ca. 100 mm bis 0,1 mm.

Objektivwechsel: Vergrößerungen auswählen

Die größte Flexibilität ermöglicht eine Zoomoptik. Bei herkömmlichen Zoomoptiken wird die Bewegung der Linsenpakete durch mechanische Kurven realisiert (Abb. 10a). Die Positionierbewegungen der optischen Komponenten im Objektiv verursachen Genauigkeitsverluste, die jedoch durch geeignete Maßnahmen reduziert werden können. Die einfachste, aber

Zoom: Vergrößerungen einstellen

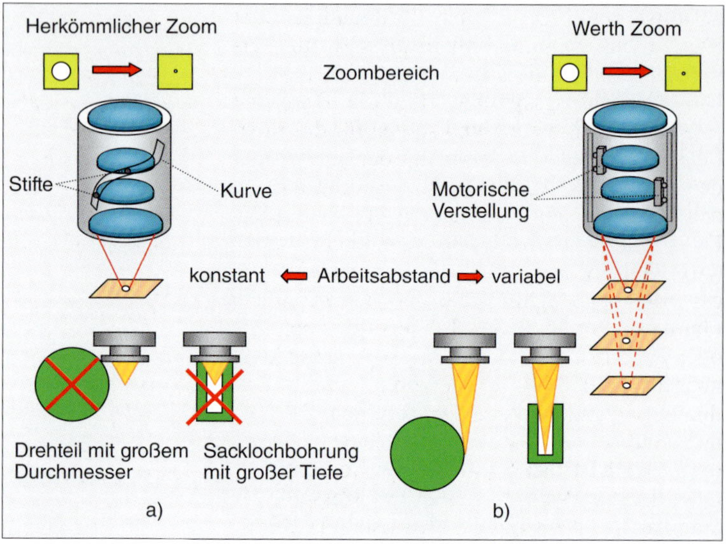

Abb. 10:
Werth Zoom mit einstellbarer Vergrößerung und variablem Arbeitsabstand im Vergleich zur herkömmlichen Zoomoptik:
a) Kollision bei rotationssymmetrischen Teilen und tiefen Bohrungen
b) Kollision wird vermieden.

Werth Zoom: Arbeitsabstand und Vergrößerung einstellen

sehr zeitaufwendige Methode besteht im wiederholten Einmessen nach jedem Zoomvorgang. Um eine hohe Reproduzierbarkeit beim Zoomen zu erzielen, werden motorische Linearführungen mit geringster Positionierunsicherheit eingesetzt (Abb. 10b). Die mechanischen Kurven werden durch entsprechende Kennlinien in der Steuerungssoftware ersetzt. Dadurch lassen sich neben unterschiedlichen Vergrößerungen auch unterschiedliche Arbeitsabstände realisieren. Praktisch werden etwa Vergrößerungen von 0,5 bis 10 sowie Arbeitsabstände in einem Bereich von 30 mm bis maximal 250 mm erreicht. Durch geeignete Wahl der Vergrößerung kann der günstigste Kompromiss zwischen dem Messbereich des Sensors und der erreichbaren Messunsicherheit gewählt werden. Der Arbeitsabstand lässt sich weitgehend unabhängig davon an die Erfordernisse des Messobjekts anpassen: genaues Messen mit normalem

Arbeitsabstand bei bester Bildqualität oder Messen mit großem Arbeitsabstand zur Vermeidung von Kollisionen.
Die Beleuchtungssysteme sind die Basis für jede optische Messung und sorgen für das möglichst kontraststarke Darstellen der zu messenden Merkmale. Am einfachsten gelingt dies an den Außenkanten der Messobjekte. In diesem Fall kann im *Durchlicht* gearbeitet werden (Abb. 11a). Ideale Voraussetzungen bieten flache Messobjekte. Im Gegensatz hierzu ist bei räumlich ausgedehnten Kanten (prismatische oder zylindrische Objekte) die Wechselwirkung zwischen Beleuchtung, Messobjekt und Abbildungsstrahlengang stärker zu beachten. Die Öffnungswinkel (Aperturen) der Beleuchtungssysteme und der Objektive sind unter Berücksichtigung der Anwendung (Gestalt des Messobjekts) aufeinander abzustimmen. Höchste Flexibilität

Abb. 11: Beleuchtungsarten:
a) Durchlicht
b) Hellfeld-Auflicht in das Objektiv integriert
c) Dunkelfeld-Auflicht MultiRing®, höhenverstellbar für Objektive mit festem Arbeitsabstand
d) Dunkelfeld-Auflicht MultiRing® in Kombination mit Werth Zoom: A1: flacher Lichteinfall, geringer Arbeitsabstand A5: steiler Lichteinfall, großer Arbeitsabstand

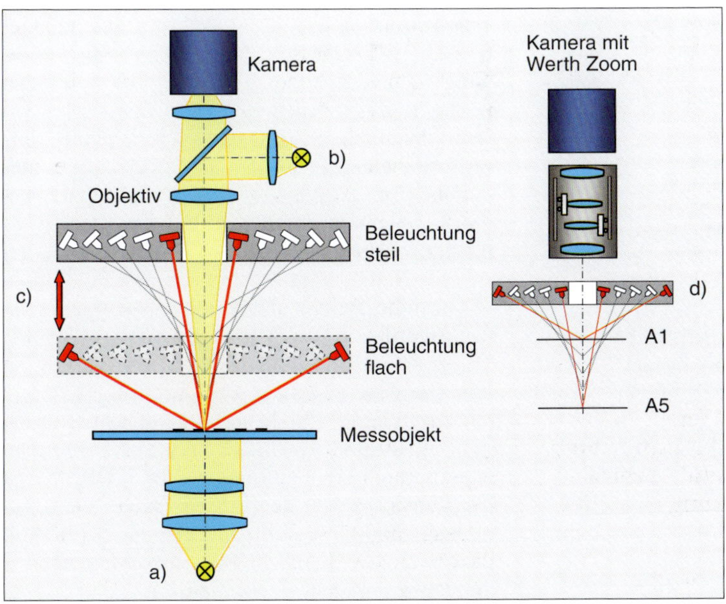

Durchlicht-apertur nach Anforderung

bieten in der Apertur verstellbare Durchlichteinheiten. Flächenhafte Beleuchtungsquellen können durch eine Blende mit einer Vielzahl von kleinen Löchern (Werth FlatLight, s. Abb. 47, S. 72) mit kleiner Apertur realisiert werden.

In der praktischen Anwendung sind selten alle Merkmale mit Durchlicht messbar. Deshalb werden meist zusätzlich Auflichtbeleuchtungssysteme eingesetzt. Zu unterscheiden sind zwei Arten: Das *Hellfeld-Auflicht* (Abb. 11b) wird parallel zur optischen Achse des Abbildungsstrahlengangs auf das Messobjekt projiziert. Im Idealfall erfolgt dies direkt durch die Linsensysteme der Abbildungsoptik. Diese Beleuchtungsart verursacht z. B. auf Metalloberflächen, die senkrecht zum Abbildungsstrahlengang liegen, eine direkte Reflexion. Das Messobjekt wird hell dargestellt. Geneigte Oberflächen reflektieren das Licht am Objektiv vorbei und werden somit dunkel abgebildet. Das *Dunkelfeld-Auflicht* strahlt geneigt zum Abbildungsstrahlengang auf das Messobjekt. Das Licht wird je nach Neigung der Werkstückoberfläche in das Objektiv (hell) oder daran vorbei (dunkel) reflektiert. Durch Auswahl der Beleuchtungsart kann der Kontrast an den interessierenden Objektstrukturen optimiert werden. Im einfachsten Fall kommen für das Dunkelfeld-Auflicht ringförmige Anordnungen von Licht emittierenden Dioden (LED) zum Einsatz. Durch Zuschalten von verschiedenen Diodengruppen kann die Beleuchtung des Objekts aus verschiedenen Raumrichtungen erfolgen und so optimal an die Messaufgabe angepasst werden (Abb. 11c). Bei der MultiRing®-Beleuchtung (Abb. 11d) ist es in Kombination mit einer Zoomoptik mit veränderlichem Arbeitsabstand (s. Abb. 10, S. 16) möglich, auch den Winkel zur optischen Achse in einem weiten Bereich zu variieren. Zusätzlich kann mit ausreichend großem Arbeitsabstand zu den Objekten gemessen werden.

Flexibles Auflicht für optimalen Kontrast

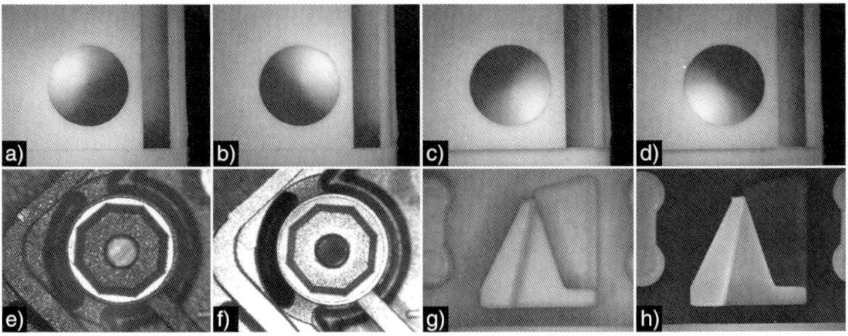

Abb. 12: Messobjekt bei verschiedenen Beleuchtungsarten:
a-d) Dunkelfeld-Auflicht aus verschiedenen Richtungen
e, f) Hellfeld- und Dunkelfeld-Auflicht am gleichen Objekt
g, h) Verbesserung bei geringem Kontrast (g) durch flache Beleuchtung mit MultiRing® (h)

Abbildung 12 zeigt Beispiele für die Auswirkungen verschiedener Beleuchtungsarten. Die Lichtquellen lassen sich durch den Bediener oder – im Automatikbetrieb – durch die Messsoftware steuern. Um praxisgerecht, d.h. auf wechselnden Materialoberflächen wie Metalloberflächen mit unterschiedlichen Glanzgraden und verschiedenfarbigen Kunststoffteilen messen zu können, wird eine Lichtregelung eingesetzt. Sie passt die Beleuchtung den vom Programm vorgegebenen Werten anhand des vom Objekt reflektierten Lichts automatisch an. Eine rechnerische Korrektur der Beleuchtungskennlinien (Lichtstärke bezogen auf den Einstellwert in der Bedienoberfläche) gestattet auch das Nutzen der CNC-Programme bei unterschiedlicher Beleuchtungshardware mit verschiedenen Beleuchtungskennlinien, z.B. an verschiedenen Geräten oder nach Reparaturen.

Auflösung vs. Geschwindigkeit

Die Bilder der Objektausschnitte werden heute üblicherweise mit Halbleiterkameras erfasst. Mittlerweile erreichen CMOS-Kameras häufig sogar eine bessere Signalqualität als CCD-Kameras. Die Kameras verfügen über ca. 700 bis 5000 Bildpunkte (Pixel: Picture Element) pro Zeile bei einer Pixelgröße von etwa 5 µm. Kameras mit hoher Auflösung (viele Pixel) können größere Objektbereiche erfassen, sind jedoch deutlich langsamer als solche mit geringerer Auflösung. Eine hohe

Bildfrequenz ist z. B. für das Messen nach dem Fokusvariationsverfahren (s. *Fokusvariationssensoren,* S. 24 ff.) oder im OnTheFly®-Betrieb (s. *Messen während der Bewegung*, S. 95 f.) von Vorteil.

Kameras liefern digitale Signale

Eine Signalverarbeitungselektronik wandelt die Pixelamplituden in Digitalwerte um. Dies erfolgt überwiegend in der Kamera selbst. Die Signale werden digital mittels GigE oder alternativ USB zum Rechner übertragen.

Filter verbessern das Bild

Auch die Bildverarbeitungsalgorithmen, mit denen die Bildinhalte ausgewertet und die Messpunkte ermittelt werden, beeinflussen wesentlich die Qualität der Messergebnisse von Bildverarbeitungssensoren. Die Auswertung wird heute überwiegend durch PC-Hard- und -Software realisiert. In einem ersten Verarbeitungsschritt kann das Bild mit Bildfiltern verbessert werden (Kontrast optimieren, Oberflächenstörungen glätten: Abb. 13a, b). Bei der einfachsten Methode zur Bestimmung der Messpunkte werden die Schnittpunkte von im Bild vordefinierten Linien mit den sichtbaren Konturen des Objekts z. B. durch Schwellwertoperationen ermittelt (umgangssprachlich Edge Finder). Dies wird nacheinander an vielen Stellen in einem vorher festgelegten Auswertebereich (Fenster) wiederholt. So entsteht

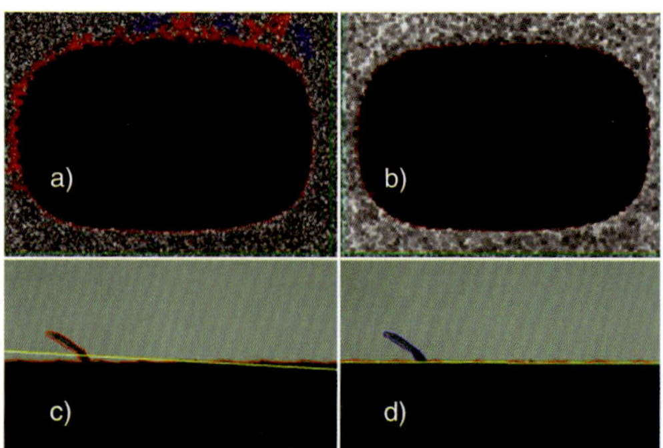

Abb. 13: Bildverarbeitungsmethoden:
a) Originalbild: Konturbestimmung gestört
b) Verbesserung durch Bildfilter: Konturbestimmung korrekt
c) Fehlmessung durch Verschmutzung
d) richtige Messung einschließlich Formabweichung durch Konturfilter

eine große Anzahl von Messpunkten, die durch das Fenster zu einer Gruppe zusammengefasst werden. Für jede Einzelpunktbestimmung erfolgt jedoch eine separate eindimensionale Auswertung. Die im Bild enthaltene umfassende zweidimensionale Information wird so nicht berücksichtigt. Dies ist insbesondere beim Messen im Auflicht von Nachteil. Störkonturen durch Oberflächenstrukturen, Ausbrüche und Verschmutzungen können nur bedingt erkannt und kompensiert werden.

Konturbildverarbeitung für zuverlässiges Messen

Bei der Konturbildverarbeitung wird das Bild innerhalb eines Auswertefensters als flächenhaftes Ganzes betrachtet. In diesem Bild werden durch geeignete mathematische Algorithmen (Operatoren) Konturen extrahiert. Jeder Bildpunkt einer Kontur entspricht einem Messpunkt. Die Messpunkte werden wie in einer Perlenkette aneinandergereiht. Dies ermöglicht, Störeinflüsse beim Messen zu erkennen und herauszufiltern (Konturfilter), ohne die Form der Konturen zu verändern (Abb. 13c, d). Wichtig für den praktischen Einsatz ist, dass innerhalb eines Fangbereichs mehrere Konturen unterschieden werden können (Abb. 14c, d). Moderne Systeme interpolieren in einem weiteren Schritt die Koordinaten der Messpunkte innerhalb des Pixelrasters (Sub-

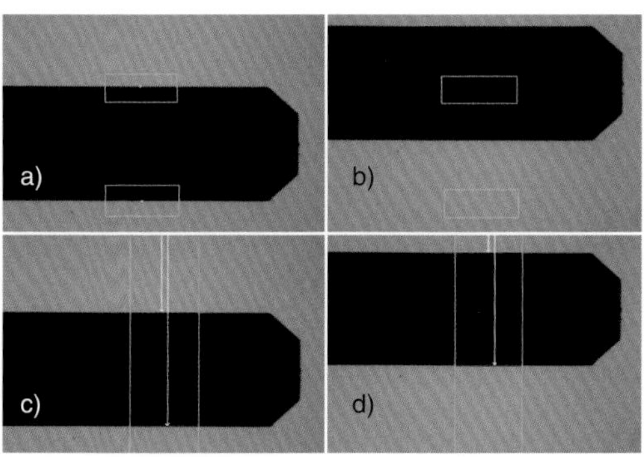

Abb. 14: Konturbildverarbeitung im Vergleich zum punktweisen Auswerten:
a, b) punktweises Auswerten: richtige Messung bei exakter Kantenposition (a), Fehlmessung bei Verlagerung der Kanten (b)
c, d) Konturbildverarbeitung: Konturanwahl in großem Fenster ermöglicht sicheres Auffinden der Kanten in unterschiedlichen Positionen.

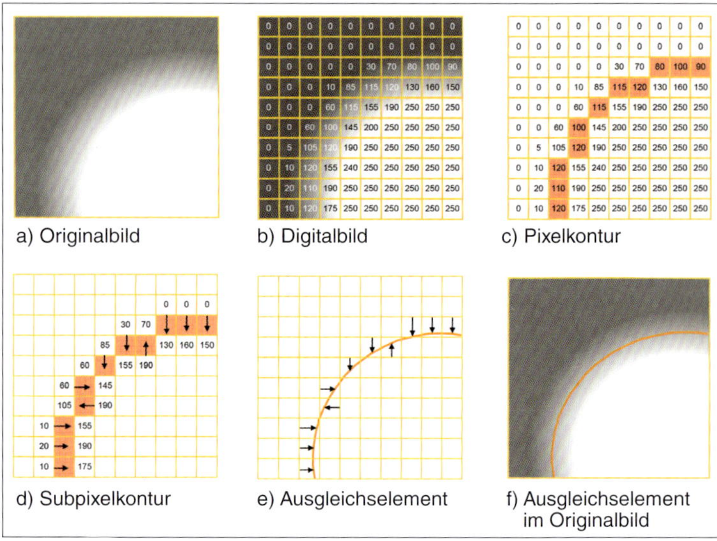

Abb. 15:
Vom Originalbild zum berechneten Ausgleichselement:
a) Der Bildverarbeitungssensor »sieht« das Objekt als Graubild.
b) Die Pixel des Graubilds werden in digitale Amplituden umgewandelt.
c) Aus dem Digitalbild wird mit einem Schwellwertoperator eine Pixelkontur berechnet.
d) Für jeden Punkt der Pixelkontur wird ein »Subpixelpunkt« aus den Nachbarwerten interpoliert.

pixeling: Abb. 15) und erlauben so höhere Genauigkeiten [5].

Konturen größer als das Sehfeld des jeweiligen Objektivs können durch automatische Konturverfolgung in Verbindung mit den CNC-Achsen des Koordinatenmessgeräts als Ganzes erfasst werden (Konturscanning). Dieses Scanningverfahren eignet sich gut, um wenige relativ große Konturen z. B. an Stanzwerkzeugen zu überprüfen. Bei dieser Anwendung werden sowohl Stempel als auch Matrizen der Schneidwerkzeuge direkt an der Schneide erfasst und können miteinander oder mit dem CAD-Datensatz verglichen werden.

Eine weitere Methode, um größere Bereiche des Werkstücks zu erfassen, ist das »Rasterscanning HD«. Hierbei nimmt der Bildverarbeitungssensor während der Bewegung mit hoher Frequenz Bilder des Werkstücks auf (Abb. 16). Diese werden durch Resampling zu einem Gesamtbild mit bis zu 4000 Megapixeln (Stand 2019) überlagert. Bei der »Im Bild«-Auswertung lassen sich dann beispielsweise 100 Bohrungen in 3 s messen (s. *Sensoren und Geräteachsen*, S. 89 ff.). Durch das Messen auch großer Bereiche mit hoher Vergrößerung und die Mittelung über mehrere Bilder, die das Signal-Rausch-Verhältnis verbessert, wird die Genauigkeit ebenfalls erhöht. Das Verfahren kann an die Anforderungen der Messaufgabe angepasst werden (s. *Messen während der Bewegung*, S. 95 f.). Die Bildverarbeitung eignet sich zunächst nur zum Messen zweidimensionaler Merkmale. Das Anwendungsgebiet umfasst dementsprechend alle zweidimensionalen Messobjekte wie flache Bleche, Folien, Leiterplatten, Schnitte von Aluminium-, Gummi- oder Kunststoffprofilen, Drucke, Schneidplatten, Leadframes und Chrommasken. Werden mit der gleichen Sensorhardware (Optik, Kameratechnik etc.) auch Fokusverfahren realisiert (s. *Fokusvariationssensoren*, S. 24 ff.), liegt der häufig eingesetzte Sensor-Basistyp für Multisensor-Koordinatenmessgeräte vor. Durch Kombination beider Verfahren in einer Sensorhardware lassen sich viele dreidimensionale Messaufgaben lösen. Die Bestimmung der Funktionsmaße von Kunststoffteilen wie dem

e) Aus der Subpixelkontur wird z. B. nach dem Gauß-Verfahren ein Ausgleichselement berechnet.

f) Anzeige des Ergebnisses im Graubild zur visuellen Kontrolle

Rasterscanning: Auflösung unabhängig vom Messbereich

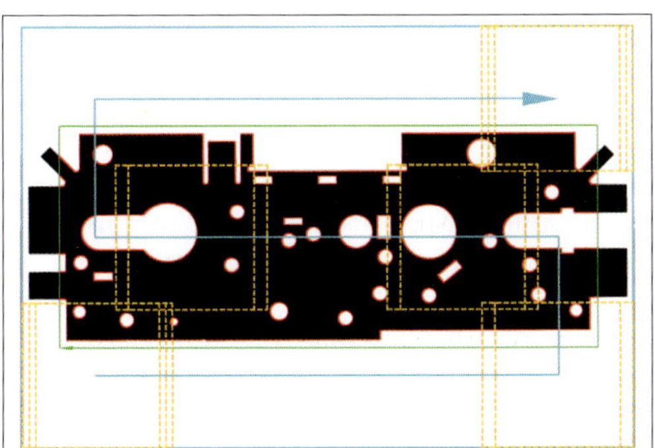

Abb. 16: Rasterscanning HD: Viele Einzelbilder (gelbe Quadrate) werden während der Bewegung auf einer vorgegebenen Bahn (blaue Linie) aufgenommen und zu einem hochaufgelösten Bild zusammengefügt (blaues Rechteck). Alle Konturen (rot) im Messfenster (grün) werden automatisch erfasst.

Abstand von Rastnasen sowie der Geometrie von Dichtnuten und Steckerrastern sind ein Hauptanwendungsgebiet. Weitere Einsatzbeispiele sind Stanzbiegeteile aus Blech, Uhrenkomponenten, Möbelbeschläge, Düsen für die Kraftstoffeinspritzung, Druckköpfe, Werkzeuge und Drehteile.

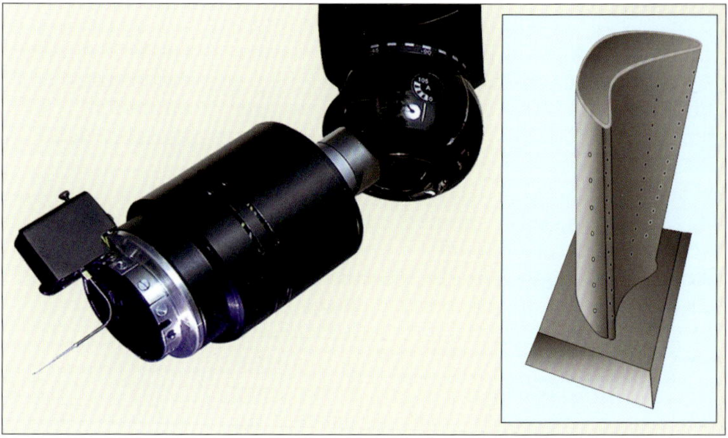

Abb. 17: Schwenkbarer Sensor mit Bildverarbeitung und Fasertaster zum Messen von Kühlbohrungen an Triebwerksteilen (kleine Teilabbildung)

Um mit Bildverarbeitungssensoren flexibel dreidimensional zu messen, kann ein schwenkbarer Kamerakopf eingesetzt werden. Hierin sind die beschriebenen Standardbeleuchtungsarten und eine Wechselschnittstelle für den Fasertaster (s. *Messende taktil-optische Sensoren*, S. 45 ff.) integriert. Ein Dreh-Schwenk-Gelenk, wie es auch für taktile Sensoren eingesetzt wird, erlaubt das räumliche Ausrichten des Sensors zum Werkstück. Durch eine weitere Schnittstelle können verschiedene optische oder taktile Sensoren im automatischen Wechsel betrieben werden (Abb. 17).

Fokusvariationssensoren

Bei der einfachsten Version des Fokusvariationssensors wird als Messpunkt der Abstand

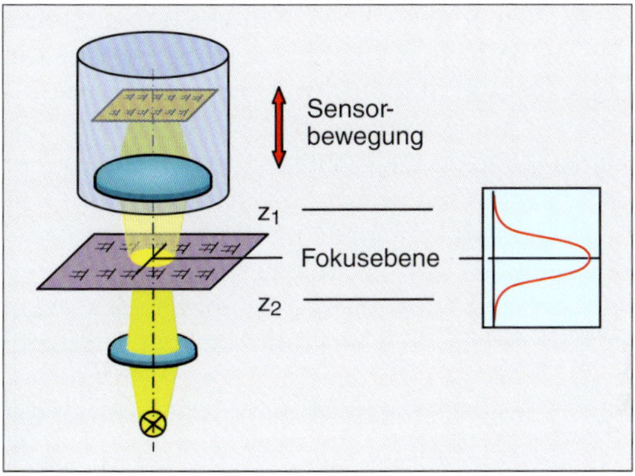

Abb. 18: Fokuspunktbestimmung durch Sensorbewegung im Bereich z_1 bis z_2 und Auswertung des entstehenden Kontrastverlaufs

zwischen Objekt und Sensor bestimmt. Hierfür werden die gleichen Hardwarekomponenten eingesetzt wie bei der Bildverarbeitung. Beim Verfahren des Sensors entlang der optischen Achse wird für einen Bildausschnitt (Fenster) nur in einer Position eine scharfe Abbildung erzeugt. Ist der Sensor defokussiert, entstehen unscharfe Bilder. Als Kenngröße für den Schärfezustand eines Bildes kann der Kontrast verwendet werden. Wird der Sensor in Richtung seiner optischen Achse in einem Bereich bewegt, innerhalb dessen die Objektebene liegt, so wird der Kontrastwert dann sein Maximum erreichen, wenn die Fokusebene mit der Objektebene übereinstimmt. Aus dieser Sensorposition lässt sich die Lage des Punkts auf der Oberfläche bestimmen (Abb. 18). Auf diesen Punkt kann danach durch Positionieren scharf gestellt werden (Autofokus).

Autofokus und Bildverarbeitung in einem

Die Empfindlichkeit des beschriebenen Verfahrens wird primär davon beeinflusst, wie groß der Bereich entlang der optischen Achse ist, der von dem verwendeten Objektiv scheinbar scharf dargestellt wird. Dieser auch als Schärfentiefe bezeichnete Bereich hängt direkt von der Auflösung bzw. der verwendeten nu-

Großer Aperturwinkel: genauerer Fokus

merischen Apertur des Objektivs ab. Je größer die numerische Apertur, desto geringer die Schärfentiefe und desto genauer ist die mit dem Autofokus realisierte Messung. Bei üblichen Objektiven erhält man die günstigsten Ergebnisse mit hohen Vergrößerungen. Um hohe Genauigkeiten zu erreichen, müssen viele Stützpunkte der Fokuskurve aufgenommen werden. Pro Messpunkt sind einige Sekunden Zeit erforderlich. Dies führt bei der Messung vieler Punkte zu hohen Gesamtmesszeiten.

Die Autofokusfunktion wird eingesetzt, um die Messebenen für die Bildverarbeitung zu bestimmen und Höhenstufen zu messen. Die Anwendungsfelder sind dementsprechend die gleichen wie für die Bildverarbeitung.

Alternativ kann das oben beschriebene Fokusverfahren mit bewegter Kamera für mehrere Gruppen von Bildpunkten (mehrere Fenster) oder für jeden Bildpunkt der Kamera gleichzeitig durchgeführt werden. Mit einmaligem Durchfahren des gewünschten Messbereichs entlang der optischen Achse erhält man innerhalb weniger Sekunden eine Vielzahl von Messpunkten als Punktewolke. Dieses Verfahren (Werth 3D-Patch) ermöglicht eine besonders einfache und schnelle dreidimensionale Erfassung von Oberflächentopografien (Abb. 19a). Größere Oberflächenbereiche können durch automatisches Aneinandersetzen meh-

Abb. 19: Mehrdimensionale Abstandssensoren:
a) Fokusvariation: Werth 3D-Patch bzw. konfokaler Flächensensor (NFP)
b) Laserliniensensor
c) Musterprojektionssensor
d) Fotogrammetriesensor

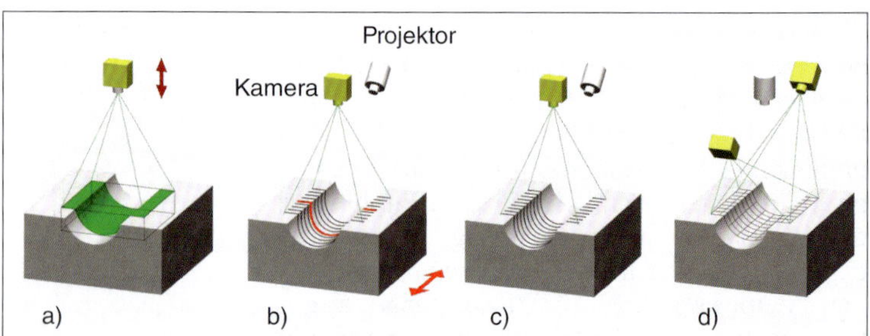

rerer Patches gemessen werden. Mit dem Verfahren lassen sich Topografien kleinerer Oberflächenbereiche von Werkstücken aus verschiedensten Materialien oder z.B. von Verrundungen an Werkzeugschneiden gut messen.

3D-Patch: viele Punkte gleichzeitig messen

Lasertriangulationssensoren

Ein alternatives Prinzip zur Abstandsmessung ist die Lasertriangulation. Das Verfahren beruht darauf, dass ein meist durch eine Laserdiode erzeugter Laserlichtstrahl schräg zur optischen Achse des Sensors auf das zu messende Objekt projiziert wird. Der reflektierte Lichtfleck wird auf einen optoelektronischen Sensor abgebildet und mit einem Triangulationsverfahren auf die Lage des zu messenden Punkts geschlossen.

Die in der Automatisierungstechnik häufig verwendeten *Triangulationssensoren* funktionieren nach folgendem Prinzip: Laserstrahl und Achse der Abbildungsoptik des Sensors schließen einen Winkel von einigen 10 Grad ein. So wird ein Dreieck zwischen Laserquelle, Messpunkt und Sensor gebildet, aus dem der gesuchte Abstand über Winkelbeziehungen ermittelt wird (s. Abb. 8b, S. 12). Das Messergebnis hängt stark von der Struktur und vom Neigungswinkel der Oberfläche ab. Dies führt zu relativ großen Messunsicherheiten, die einen Einsatz nur für weniger genaue Messaufgaben gestatten.

Winkelbeziehungen definieren den Punkt

Bessere Ergebnisse lassen sich mit Sensoren erzielen, die nach dem *Foucault-Prinzip* funktionieren (Abb. 20). Foucault-Lasersensoren (WLP: Werth Laser Probe) nutzen den Öffnungswinkel der Abbildungsoptik des Sensors als Triangulationswinkel. Ein Laserstrahl wird durch eine im Strahlengang befindliche Foucault'sche Schneide »abgeschnitten« und unter dem durch die Objektivapertur bestimmten Triangulationswinkel auf das Objekt abge-

Foucault-Lasersensoren

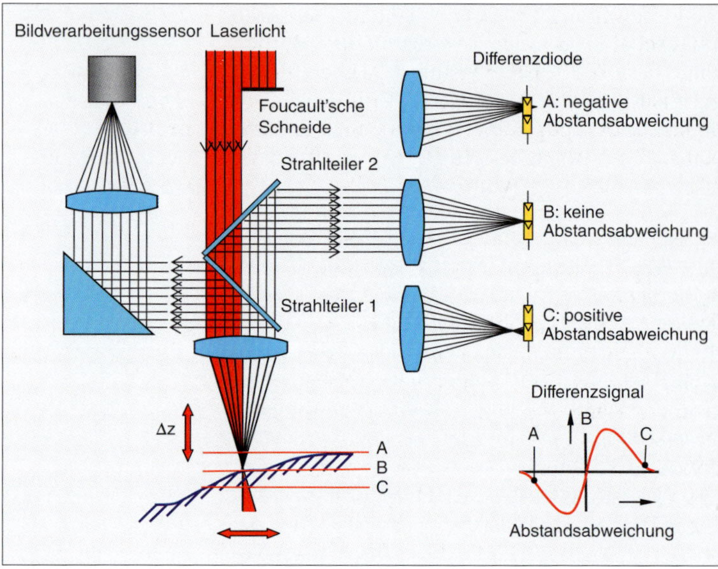

Abb. 20: Lasersensor nach dem Foucault-Prinzip mit einem Bildverarbeitungs-sensor kombiniert (Beleuchtung nicht dargestellt)

bildet. Die Signalauswertung erfolgt z. B. über Differenzfotodioden. Die auf diesem Wege ermittelten Abweichungen von der Nulllage des Lasersensors können zum Nachregeln in der entsprechenden Achse des Koordinatenmessgeräts genutzt werden. Das Messergebnis ergibt sich aus der Überlagerung der Messwerte des Lasersensors und des Koordinatenmessgeräts. Auch bei diesem Sensortyp beeinflussen die Materialoberfläche und Oberflächenneigung das Messergebnis erheblich, sodass eine Korrektur dieser Einflussgrößen erforderlich ist. Mit geeigneter Software wird jedoch die Messunsicherheit so weit verringert, dass sie den Anforderungen hochgenauer Koordinatenmessgeräte genügt.

Laser und Bildverarbeitung kombiniert

Im praktischen Einsatz wird ein solcher Foucault-Lasersensor vorzugsweise in den Strahlengang eines Bildverarbeitungssensors integriert (Abb. 20). Somit kann ohne mechanische Bewegung zwischen beiden Sensoren umgeschaltet werden. Im manuellen Betrieb kann man die Laserantastung darüber hinaus gut visuell beobachten. Der Vorteil des Laserpunktsensors gegenüber den oben beschriebenen Fokusverfahren liegt in der erheblich höheren Messgeschwindigkeit beim Scannen von Konturen bzw. Oberflächenprofilen. Pro Sekunde können einige hundert bis tausend Punkte gemessen werden. Dieser Sensor wird dementsprechend zur Konturmessung auf Werkstückoberflächen oder z. B. auch zur Ebenheitsprüfung von Dichtsitzen mit einer geringen Messunsicherheit von wenigen Mikrometern angewendet. In der Werkzeugmesstechnik dient er zur Messung der Span- und Freiwinkel oder auch der Kantenradien.

Oberflächenprofile berührungslos scannen

Laserliniensensoren (z. B. Werth LLP: Laser Line Probe) funktionieren ähnlich wie die oben beschriebenen punktförmig antastenden Triangulationssensoren. Der Laserstrahl wird durch einen in den Sensorkopf integrierten bewegten Spiegel, z. B. einen rotierenden Polygonspiegel oder einen Schwingspiegel, in eine lateral schwingende Bewegung versetzt und so eine Linie erzeugt (Abb. 19b, S. 26). Alternativ kann diese linienförmige Aufweitung des Laserstrahls mit einer speziellen astigmatischen Optik (Zylinderlinse) erzeugt werden. Die Auswertung erfolgt durch eine Matrixkamera, sodass man für viele Punkte »gleichzeitig« ein durch Triangulation ermitteltes Messergebnis erhält. Dadurch wird ein Schnitt (Lichtschnitt) auf der Oberfläche des Messobjekts gemessen. Zum Erfassen einer dreidimensionalen Oberfläche bewegt man den Sensor mit dem Koordinatenmessgerät senkrecht zur Schnittebene. Dieser Sensor erlaubt die schnelle Messung auch größerer Flächen mit einer relativ großen Messunsicherheit von einigen 10 µm. Die Anwendung dieses

Freiformflächen schnell erfassen

Sensorprinzips konzentriert sich deshalb auf Gehäuse- und Verkleidungsteile mit Flächen, die vorrangig nach ästhetischen Gesichtspunkten konstruiert werden. Diese Teile sind meist relativ grob toleriert und bieten die Möglichkeit, Softwarefilter zur Glättung der Messergebnisse einzusetzen. Die Ergebnisse werden meist im Vergleich zu den CAD-Daten bewertet (s. Abb. 53, S. 82).

Chromatische Fokussensoren

Chromatische Fokussensoren (z.B. Werth CFP: Chromatic Focus Point) nutzen einen als chromatische Aberration bezeichneten Abbildungsfehler optischer Systeme gezielt aus. Die Optiken hierfür werden so gefertigt, dass die chromatische Aberration besonders stark ausgeprägt ist. Für verschiedene Farben des Lichts ergeben sich unterschiedliche Arbeitsabstände (Farblängsfehler). Je nachdem, in welchem Abstand sich das zu messende Objekt vom Sensor befindet, wird die durch das Objektiv abgebildete Austrittsfläche der Lichtleitfaser für eine bestimmte Farbe am besten auf dem Objekt fokussiert (Abb. 21). Um ein möglichst breites Spektrum zur Verfügung zu haben, wird für die Beleuchtung eine weiße Lichtquelle verwendet. Deshalb werden diese Sensoren teilweise nicht ganz treffend auch als Weißlichtsensoren bezeichnet. Die am besten fokussierte Lichtfarbe verfügt im Messpunkt über die stärkste Intensität. Diese wird mit einem integrierten Spektrometer ermittelt, und der erkannten Farbe der entsprechende Abstandswert zugeordnet. Mit zunehmender Vergrößerung der Objektive wird die Empfindlichkeit des Sensors höher und der Messbereich geringer.

Messen mit Weißlichtspektrum

Wie bei allen Fokussensoren ist die Empfindlichkeit des Sensors am höchsten, wenn die Apertur des verwendeten Objektivs sehr groß ist. Hohe Anforderungen an die Apertur redu-

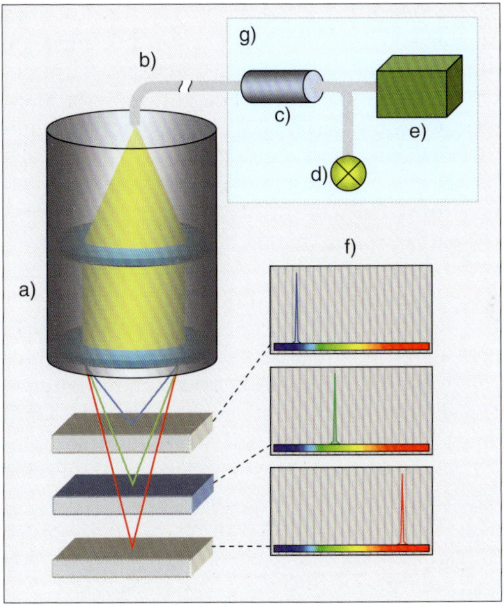

Abb. 21: Chromatischer Fokussensor: Der Messkopf (a) ist über eine lange Lichtleitfaser (b) mit der Auswertebox (g) verbunden (Reduzierung des Wärmeeintrags). Hier werden über einen Faserkoppler (c) die breitbandige Weißlichtquelle (d) und das Spektrometer (e) angeschlossen. Die Spektren (f) stellen den Abstand des Objekts zum Messkopf dar.

zieren jedoch den Arbeitsabstand, was zu einer erhöhten Kollisionsgefahr führt. Ein relativ großer Arbeitsabstand bei großer Apertur kann durch große, aber teure Objektive erzielt werden. Die Messung der Oberflächen ist sowohl bei diffus reflektierendem als auch bei spiegelndem Verhalten möglich, da eine direkte Reflexion nicht stört, wie es u. a. bei Triangulationsverfahren der Fall ist.

Spiegelnde Flächen sind messbar

Die Anordnung einer Reihe von Lichtleitfasern ermöglicht die Realisierung des gleichen Prinzips als Liniensensor. Diese Sensoren kombinieren hohe Messgeschwindigkeit mit geringer Messunsicherheit. Zusätzlich zur Wellenlänge des reflektierten Lichts wird auch die Intensität ausgewertet und so ein Rasterbild der Werkstückoberfläche erstellt. Die nachfolgende Auswertung mit der Bildverarbeitungssoftware gestattet »Im Bild«-Messungen von geometrischen Merkmalen, z. B. zur Festlegung des Werkstückkoordinatensystems. Die Anwendungsmöglichkeiten für chromatische Sensoren entsprechen denen des Foucault-Sensors. Manche Objektoberflächen, wie z. B. optische Funktionsflächen, und Schichtdicken lassen sich besser bzw. genauer messen. Die Nachteile liegen im geringeren Arbeitsabstand, im separaten Anbauort und in den höheren Kosten.

Interferometrische Punktsensoren

Abstandssensoren nach dem Interferometerprinzip messen den Laufzeitunterschied zweier Lichtstrahlen (Messstrahl und Referenzstrahl), der sich aus dem Längenunterschied zwischen einer Referenzstrecke (Abstand zur Referenzfläche) und der Messstrecke (Abstand zur Messobjektoberfläche) ergibt (s. Abb. 8, S. 12). Die Auswertung erfolgt durch Bestimmung der Phasenverschiebung bei der Überlagerung beider Strahlen. Durch gleichzeitigen Einsatz mehrerer leicht verschiedener Frequenzen (Farben) kann aus der hierdurch entstehenden Schwebung der Absolutwert des Abstands zur Objektoberfläche gemessen werden (Heterodynverfahren).

Absolut messen mit mehreren Frequenzen

Für das Messen kleiner Geometrien und tief im Objekt liegender Merkmale eignen sich faseroptische Interferometer. Das Spektrum aus mehreren Lichtfrequenzen wird durch Einsatz kurzkohärenter Superlumineszenzdioden (SLD) erzeugt. Damit kann der Absolutwert des Abstands gemessen werden. Auch nach einer Unterbrechung des Messvorgangs, z. B. während des Positionierens oder aufgrund von Oberflächendefekten des Werkstücks, bleibt der Bezugspunkt der Abstandsmessung erhalten. Durch dieses Verhalten sind auch optisch raue Oberflächen messbar.

Abbildung 22 zeigt den prinzipiellen Aufbau des Werth Interferometer Probe (WIP). Das

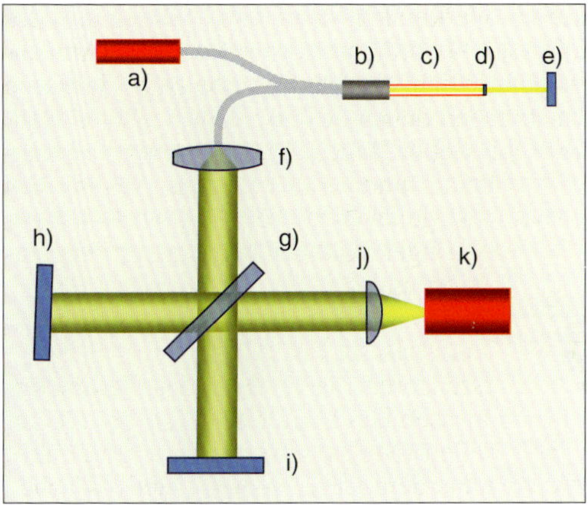

Abb. 22:
Prinzip des interferometrischen Punktsensors (WIP):
a) Superlumineszenzdiode
b) Faserkoppler
c) Sonde
d) Sondenaustritts- und Referenzfläche
e) Werkstückoberfläche
f) Kollimatorlinse
g) Strahlteiler
h) Spiegel 1, gekippt
i) Spiegel 2
j) Zylinderlinse
k) Zeilenkamera

Licht der Superlumineszenzdiode wird über einen faseroptischen Koppler in eine Lichtleitfaser eingekoppelt und zur eigentlichen Messsonde übertragen. Die Reflexion an der Austrittsfläche der Sonde führt zu einem Referenzstrahl. Der Messstrahl entsteht durch Reflexion an der Werkstückoberfläche. Bei technisch sinnvollen Arbeitsabständen ist die Weglängendifferenz beider Signale zu groß für Interferenz (kurze Kohärenzlänge). Über den Faserkoppler und eine weitere Lichtleitfaser werden beide Signale zum Auswerteinterferometer übertragen. Hier wird die Weglängendifferenz durch Teilung des Strahlengangs und entsprechend unterschiedliche Weglängen in den Teilstrahlengängen (Einstellung der Spiegelabstände) kompensiert. Referenzstrahl und Messstrahl werden überlagert und somit zur Interferenz gebracht. Durch Kippen eines der beiden Spiegel wird die axiale Lageinformation der Strahlen (abhängig von der Lage der Werkstückoberfläche) in eine lateral auswertbare Information umgewandelt. Die unterschiedlichen optischen Weglängen werden gleichzeitig kompensiert und es ergeben sich

Faseroptische Sonden für kleine Details

somit für alle Abstände innerhalb des Messbereichs Interferenzen. Abhängig davon, an welcher Position des Spiegels der Strahl reflektiert wird, entstehen lateral unterschiedliche Intensitäten und somit Interferenzmuster. Mit einer Kamera werden diese erfasst und anschließend der Abstand zwischen Referenzfläche und Werkstückoberfläche ermittelt.

Abb. 23: Dreh- und wechselbare Sonde des interferometrischen Punktsensors (WIP) und Rauheitsmessung in Spritzlöchern von Dieseleinspritzdüsen (kleine Teilabbildung)

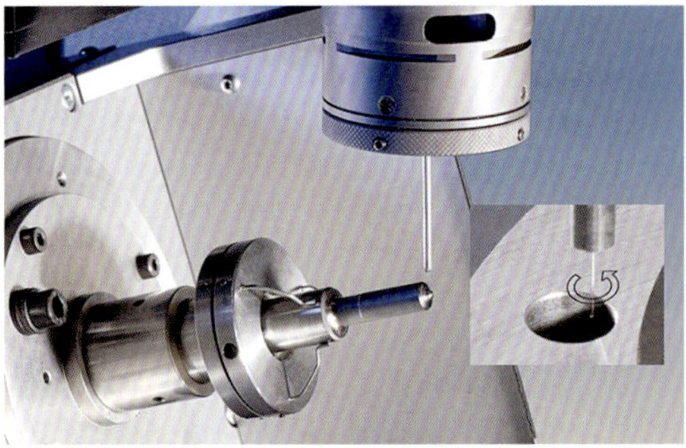

Drehen, schwenken und wechseln

Die Auswerteeinheit enthält sowohl die Lichtquelle als auch das Auswerteinterferometer. Die eigentliche faseroptische Messsonde wird am Koordinatenmessgerät über eine Magnetschnittstelle befestigt. Die Sonden können für verschiedene Austrittswinkel ausgelegt werden. Durch einen automatischen Sondenwechsel und die drehbare Anordnung der Sonden (Abb. 23) kann in praktisch beliebiger Richtung gemessen bzw. gescannt werden. Wegen der sehr geringen Messunsicherheit ($\leq 1\ \mu m$) und der Sondengeometrie kann der Sensor z.B. für Geometrie-, Form- und Rauheitsmessungen in kleinen und tiefen Bohrungen und Schlitzen eingesetzt werden.

Konfokale Flächensensoren

Ein konfokaler Flächensensor (z.B. Werth NFP: Nanofocus Probe, Abb. 24) projiziert Licht über ein Abbildungssystem auf das

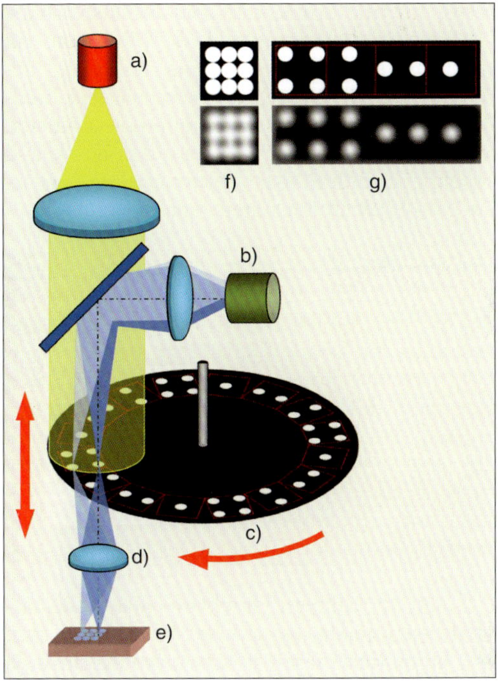

Abb. 24: Konfokaler Flächensensor:
a) Lichtquelle
b) Matrixkamera
c) rotierende Blende (stark vereinfacht)
d) Objektiv
e) Messobjekt
f) Zu dichte Blendenanordnung führt bei Defokussierung zur Überdeckung und damit zur Signalverfälschung.
g) Durch eine Anordnung mit größeren Abständen wird dies vermieden.

Objekt. Eine kleine Lochblende reduziert die Größe des Lichtflecks auf einen sehr kleinen Bereich. Wird der Lichtpunkt durch eine Bewegung des Sensorkopfs defokussiert, wird das Licht über eine größere Fläche verteilt und der abgeblendete Lichtpunkt auf dem Objekt dunkler. Beim Bewegen des Messkopfs gegenüber dem Objekt entsteht deshalb ein Intensitätsverlauf. Dieser wird über einen fotoempfindlichen Sensor aufgenommen. Das Maximum des Intensitätsverlaufs repräsentiert den Ort der Objektoberfläche.

Intensitätsverlauf bestimmt den Messpunkt

Um mit diesem Prinzip mehrere Punkte gleichzeitig messen zu können, muss eine gegenseitige Beeinflussung benachbarter Punkte bei der Defokussierung (Abb. 24f) vermieden werden. Dies könnte durch einen ausreichend großen Abstand zwischen den Punkten gewährleistet werden.

Viele Punkte durch Nipkow-Scheibe

Um eine hohe Punktedichte zu erreichen, wird eine rotierende Blendenanordnung (Nipkow-Scheibe) eingesetzt. Indem die von verschiedenen Orten des Messobjekts innerhalb des Sehfelds des Sensors ausgehenden Intensitäten nacheinander aufgenommen werden, ergibt sich eine hohe Punktedichte ohne gegenseitige Beeinflussung (Abb. 24g). Hierzu wird die Integrationszeit des Sensors mit der Scheibenrotation synchron gesteuert. So werden scheinbar stehende Bilder erzeugt. Für jede Punktposition beim Bewegen des Messkopfs in Achsenrichtung entsteht so sukzessive ein Intensitätsverlauf, aus dem anschließend die Messpunktewolke berechnet wird (s. Abb. 19a, S. 26).

Zur Bildaufnahme wird üblicherweise eine Matrixkamera (CCD oder CMOS) eingesetzt, um die Intensitäten für die Messorte getrennt erfassen zu können. Durch die Intensitätsauswertung können konfokale Flächensensoren im Unterschied zu Fokusvariationssensoren unabhängig vom Kontrast der Werkstückoberflächen z. B. auch spiegelnde Oberflächen messen.

Topografie und Rauheit flächenhaft messen

Die Erfahrung zeigt, dass sich diese Sensoren auch zum flächenhaften Messen der Rauheit eignen. Mit dieser Sensorik sind sehr geringe Messabweichungen im Zehntelmikrometerbereich erzielbar. Anwendungen sind z. B. das Messen der Komplettgeometrie von Einsätzen für Stanzbiegewerkzeuge oder von Münzprägestempeln. Voraussetzung hierfür ist wie bei allen Sensoren, die die Objektivapertur (Winkel) ausnutzen (s. Abb. 6, S. 10), dass die Apertur ausreichend groß ist, um genügend reflektiertes Licht von den meist geneigten Objektoberflächen aufzufangen. Ein großer Arbeitsabstand ist deshalb nur mit großen und somit teuren Objektiven möglich.

Flächensensoren mit Musterprojektion

Flächensensoren mit Musterprojektion arbeiten im Grunde nach dem Triangulationsprinzip. Abhängig von der Ausführungsvariante kann in Musterprojektionssensoren und Fotogrammetriesensoren unterschieden werden. Bei beiden Verfahren werden zur Bestimmung der Werkstücktopografie die Winkelbeziehungen zwischen den Strahlengängen für die Abbildung und die Musterprojektion oder zwischen mehreren Abbildungsstrahlengängen oder Kombinationen hieraus herangezogen.

Musterprojektionssensor

Beim Musterprojektionssensor (auch Streifenprojektionssensor, s. Abb. 19c, S. 26) wird durch einen Projektor ein Streifenmuster mit exakt bekannter Geometrie auf die Materialoberfläche projiziert. Ähnlich dem Lichtschnittverfahren werden die so erzeugten Muster mit einer Kamera erfasst und nachfolgend durch eine Software ausgewertet. Dabei müssen die Eigenschaften des Abbildungsstrahlengangs (Vergrößerung, Abbildungsfehler) exakt berücksichtigt werden. Befindet sich die zu messende dreidimensionale Oberfläche des Objekts vollständig innerhalb des Messbereichs des Sensors, ist im Gegensatz zum einfachen Liniensensor keine Bewegung der Koordinatenachsen erforderlich. Um eine höhere Auflösung mit eindeutiger Zuordnung der Punkte zu ihren Raumkoordinaten zu erreichen, werden üblicherweise nacheinander verschiedene Linienmuster projiziert und ausgewertet. Mit dem »Phaseshift«-Verfahren ist es möglich, eine Art Subpixeling zu realisieren [1]. Im Prinzip werden die Muster dazu schrittweise verschoben. Die Oberfläche kann so in einem dichteren Punkteraster erfasst werden.

Messen mit Projektor und Kamera

Fotogrammetriesensor

Fotogrammetriesensoren (s. Abb. 19d, S. 26) basieren auf dem Erfassen der Objektoberfläche aus zwei unterschiedlichen Richtungen mit je einer Kamera. Nach dem Triangulationsprinzip werden die Raumkoordinaten jedes erkannten Objektmerkmals über Winkelbeziehungen berechnet. Da das Messobjekt in der Regel nicht ausreichend strukturiert ist, wird ein zweidimensionales Gitter auf die Oberfläche projiziert. Das sich ergebende Muster wird durch die beiden Kameras erfasst und anschließend ausgewertet. Anders als bei einem Streifenprojektionssensor hat die Genauigkeit der Projektion keinen Einfluss auf das Messergebnis. Die Projektion dient nur zur Erzeugung von Strukturen auf der Werkstückoberfläche. Der eigentliche Triangulationsvorgang erfolgt mit den beiden Kameras. Hierdurch ist dieses Verfahren auch weniger empfindlich gegenüber Einflüssen der Werkstückoberfläche wie Helligkeitsunterschieden und Oberflächenstörungen. Diese verursachen nur Änderungen der Liniengeometrie, die wie oben beschrieben im Grunde keinen Einfluss auf das Messergebnis haben. Die Anwendungen dieser Sensoren liegen in der Karosseriemesstechnik und dem Messen von Kunststoffteilen.

Messen mit mehreren Kameras

Messen ohne Einfluss der Projektion

Weißlichtinterferometer

Ein in der Koordinatenmesstechnik seltener angewendetes Verfahren ist die *Weißlichtinterferometrie*. Bei diesem Verfahren wird ein Weißlichtinterferometer entlang der optischen Achse bewegt. Zu jeder Position des Sensors werden mit einem speziellen Interferenzverfahren die Objektpunkte ermittelt, die sich in einem vordefinierten Abstand zum Sensor befinden [1]. Es gibt punktförmige und flächenhafte Weißlichtinterferometer. Bei letzteren können die Punkte während der Bewegung – ähnlich dem 3D-Patch – für verschiedene Schnittebenen ermittelt und anschließend zu einer Punktewolke zusammengefügt werden. Diese beschreibt die Oberflächentopografie des Werkstücks dreidimensional. Die Ergebnisse hängen relativ stark von den Oberflächeneigenschaften (Reflexionsverhalten) der Messobjekte ab.

Taktile Sensoren

Berühren des Objekts ist das Prinzip

Das Funktionsprinzip aller taktilen Sensoren beruht auf dem mechanischen Berühren des Messobjekts. Hieraus werden die elektrischen Signale zur Weiterverarbeitung abgeleitet. Es werden schaltende und messende Tastsysteme unterschieden. Bei einem taktilen Sensor sind im Messergebnis sowohl die Geometrie (= Form und Größe) des Antastformelements (Kugel) als auch die Raumlage und geometrische Gestalt der zu messenden Objektoberfläche enthalten.
Abbildung 25 zeigt, dass die Lage des Antastpunkts beim taktilen Scannen nicht ohne mathematische Korrektur aus den bekannten Ko-

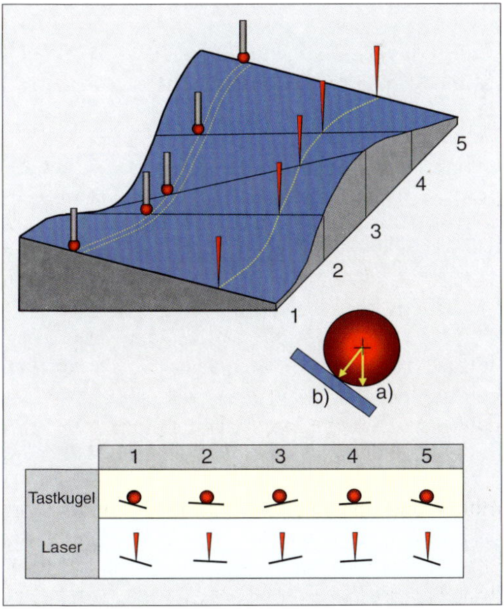

Abb. 25: Einfluss des Antastformelements beim Messen von gekrümmten Oberflächen: Bei unbekannten Flächen muss die Tastkugelkorrektur richtig ermittelt werden, z. B. durch dicht nebeneinander liegende Bahnen. Andernfalls stimmt der berechnete Antastpunkt (a) nicht mit dem tatsächlichen (b) überein. Bei optischen Abstandssensoren kann die Korrektur entfallen.

ordinaten des Tastkugelmittelpunkts bestimmt werden kann. Für eine exakte Korrektur muss das Antastformelement gewissenhaft eingemessen werden (Tastkugelkorrektur). Außerdem ist es erforderlich, mehrere Punkte am zu messenden geometrischen Merkmal anzutasten. Der aus der Unterlassung dieser Korrektur resultierende Fehler hängt vom Tastkugeldurchmesser ab: je kleiner der Durchmesser, desto kleiner der Fehler. Große Tastkugeldurchmesser können darüber hinaus kleine Strukturabweichungen unterdrücken. Diese mechanische Filterung kann sich entweder günstig auf die Messergebnisse auswirken oder zu ihrer Verfälschung führen.

Abbildung 26 zeigt den prinzipiellen Einfluss der Anzahl der Tastpunkte auf das Messergebnis. Bei realen geometrischen Merkmalen mit Formabweichungen muss unbedingt eine große Anzahl von Messpunkten erfasst werden. Dies ist bei schaltenden Sensoren aufgrund des damit verbundenen beträchtlichen Zeitaufwands problematisch.

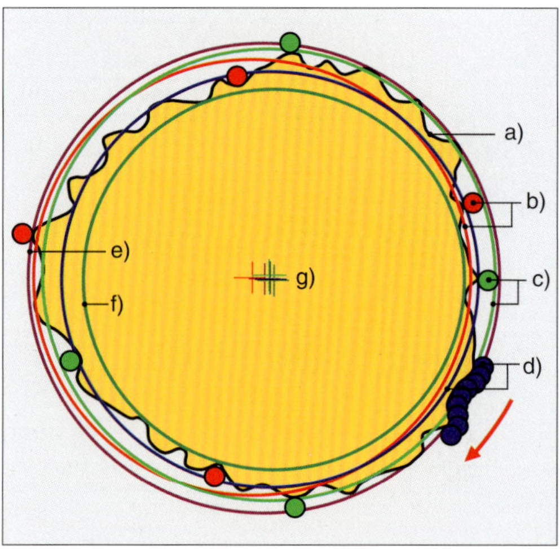

Abb. 26: Auswirkung der Anzahl und Lage der Antastpunkte auf das Messergebnis bei einem Objekt mit Formabweichung:
a) reale Kontur mit Formabweichung (überhöht dargestellt)
b) vier Antastpunkte und hieraus berechneter Ausgleichskreis nach Gauß
c) vier weitere Antastpunkte mit Ausgleichskreis – es zeigen sich erhebliche Abweichungen zum Ergebnis aus b).
d) mit Scanning gewonnene Antastpunkte (nur zum Teil dargestellt) und daraus berechneter »richtiger« Ausgleichskreis – aufgrund der hohen Punktezahl ist hier auch die Bestimmung der Formabweichung sinnvoll.
e, f) Der Hüllkreis (Größtmaß) und der Pferchkreis (Kleinstmaß) werden durch Extrempunkte bestimmt und sind deshalb nur mit hoher Punktedichte messbar.
g) Auch die Lage der Mittelpunkte der Kreise variiert.

Taktiles Messen ist traditionell

Die taktile Messung entspricht gut den traditionellen manuellen Messmethoden (Messschieber, Höhenmesser) und ist weitgehend unabhängig von den Oberflächeneigenschaften der zu messenden Objekte. Mit »Sterntastern« und Taststiftwechsel kann ein Objekt mit relativ geringem Aufwand aus allen Richtungen dreidimensional gemessen werden. Auch bei Anwendungen, die das optische Messen erfordern, ist der zusätzliche Einsatz taktiler Sensoren unter Umständen zwingend. Optisch nicht messbare Merkmale wie Seitenflächen, Zylindermantelflächen und Hinterschnitte werden mit vertretbarem Aufwand erfasst.

Schaltende taktile Sensoren

Einfache schaltende Tastsysteme arbeiten nach dem Dreibeinprinzip (Abb. 27 links). Berührt die Tastkugel das Messobjekt, wird ein Signal (Trigger) zum Auslesen der Maßstabssysteme des Koordinatenmessgeräts erzeugt. Der Messpunkt ergibt sich aus den Koordinaten des Messgeräts und bezieht sich auf den Mittelpunkt der Tastkugel. Diese ist über einen steifen Schaft auf einer Dreipunktlagerung angebracht, die in jeder der drei Auflagen als Schalter ausgebildet ist. Wird der Taster aus einer beliebigen Richtung ausgelenkt, wird mindestens ein Schalter geöffnet. Dies wird als Schaltsignal weiterverarbeitet. Der Nachteil dieses Systems liegt insbesondere darin, dass die Antastkräfte stark von der Antastrichtung abhängig sind. Dies führt zu unterschiedlicher Tasterdurchbiegung und damit zu einer nicht vernachlässigbaren richtungsabhängigen Antastabweichung (dreieckige Charakteristik), die nur schwer zu korrigieren ist.

Taktil-elektrisches Funktionsprinzip schaltend

Richtungs-unabhängiges Antastverhalten

Höherwertige Tastsysteme setzen zur Umwandlung des mechanischen in ein elektrisches Signal Wandlerelemente wie z. B. Piezoelemente oder Dehnungsmessstreifen ein

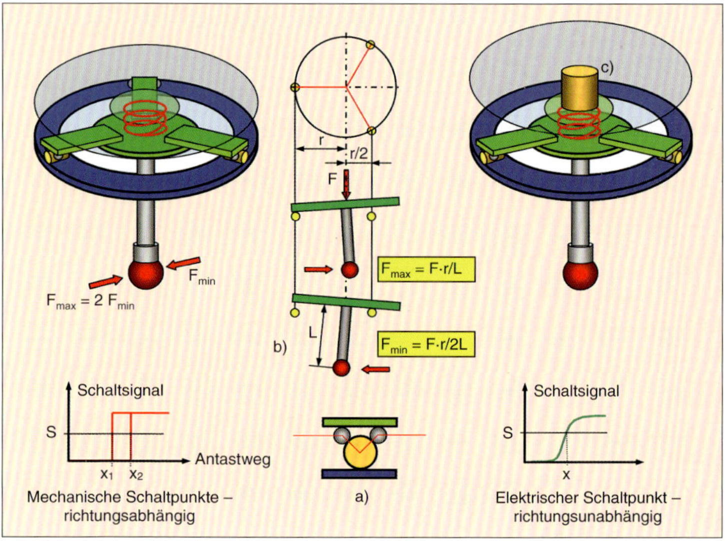

Abb. 27: Schaltende Taster: Prinzip mit mechanischen Kontakten (links): Stromkreis wird bei Auslenkung unterbrochen (a). Durch die Dreipunktlagerung (b) ist die Antastkraft und die Lage x der Schaltpunkte am Schwellwert S um maximal den Faktor 2 richtungsabhängig (»Lobing«). Prinzip mit taktilelektrischem Wandler (rechts): Der elektromechanische Wandler (c) erzeugt ein nahezu richtungsunabhängiges Signal, bevor die Dreipunktlagerung auslöst.

(Abb. 27 rechts). Mit ihnen lässt sich ein weitgehend richtungsunabhängiges Antastverhalten erreichen. Eine nachgelagerte Elektronik sorgt dafür, dass auch mit sehr geringen Antastkräften gearbeitet werden kann. Die vom Sensor beeinflusste Messunsicherheit ist geringer. Das Dreibein wird meist erst nach der Detektion des Antastpunkts ausgelenkt. Damit werden relativ große »Bremswege« in den Achsen zulässig.

Gemeinsamer Nachteil aller schaltenden Taster ist, dass das Koordinatenmessgerät zum Ermitteln eines Messpunkts mit dem Messobjekt in Kontakt gebracht wird und anschließend wieder aus dem Kontakt herauszufahren ist. Somit ergeben sich für jeden Messpunkt Antastzeiten im Sekundenbereich. Die Hauptvorteile der schaltenden gegenüber den nachfolgend beschriebenen messenden Tastern liegen im relativ geringen Preis und den etwas kleineren Abmessungen. Wegen der geringen Anzahl der Messpunkte ist ihr Einsatz auf die Messung von Merkmalen mit vernachlässigbaren Formabweichungen begrenzt (s. Abb. 26, S. 40).

Messende taktile Sensoren

Bei einem messenden Tastsystem verfügt der Sensor über Wegmesssysteme (Maßstäbe, induktive Sensoren, optische Messsysteme) in meist allen drei Koordinatenachsen. Wird die Tastkugel bei Berührung mit dem Messobjekt in einer beliebigen Richtung ausgelenkt, kann die Größe dieser Auslenkung aus den Informationen dieser Wegmesssysteme ermittelt werden (Abb. 28). Der Messpunkt wird durch Überlagerung der Sensorauslenkung mit der Sensorposition im Koordinatensystem des Geräts gewonnen. Hinzu kommt die oben beschriebene Tastkugelkorrektur entsprechend der vektoriellen Lage der anzutastenden Fläche und der Tasterdurchbiegung.

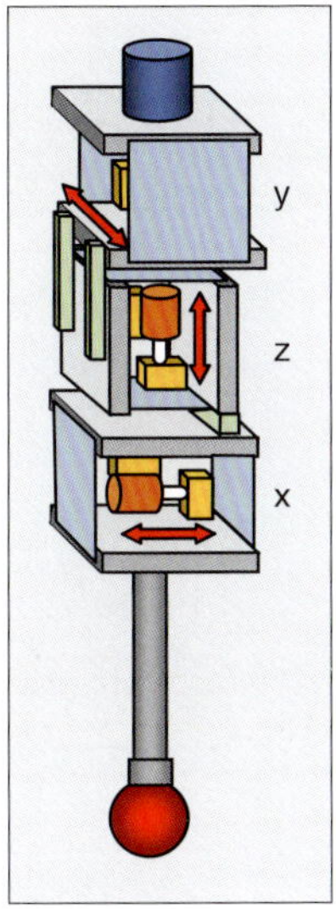

Abb. 28: Messender Taster: messende Sensoren in x-, y- und z-Richtung

Bedingt durch das messende Prinzip des Tastsystems können während des gesamten Antastvorgangs (Auslenken und Zurückbewegen) ständig Messpunkte erfasst werden. Hieraus lassen sich gemittelte und somit reproduzierbare Messpunkte bestimmen. Auch der komplette Verlauf der Antastung kann aufgenommen und daraus der Antastpunkt für eine angenommene Auslenkung null (Antasten mit 0 N Antastkraft) extrapoliert werden. Dies ist z.B. für das Messen nachgiebiger Werkstücke nützlich.

Taktil-elektrisches Funktionsprinzip messend

In Kombination mit einer entsprechenden Steuerung können messende Tastsysteme für das automatische Scannen der Messobjektoberflächen eingesetzt werden. Mit diesem Verfahren können viele Oberflächenpunkte in relativ kurzer Zeit gemessen werden. Die Koordinatenachsen des Messgeräts werden dazu so gesteuert, dass der Sensor immer innerhalb seines Messbereichs bleibt. Bei tangentialer Bewegung entlang der Werkstückoberfläche folgt

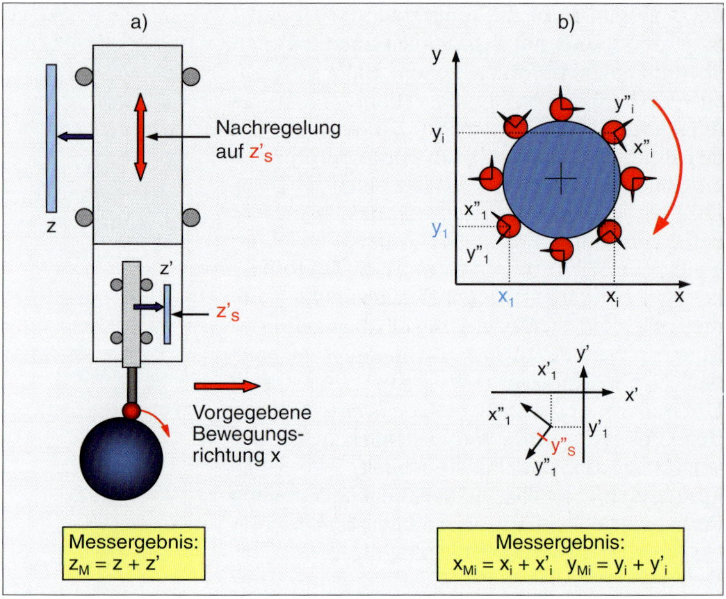

Abb. 29:
Scanning mit messendem Tastsystem:
a) 1D: Der Taster wird in vorgegebener Bewegungsrichtung x bewegt und in Richtung z auf die Sollauslenkung z'_S des Tasterkoordinatensystems nachgeregelt.
b) 2D: Der Taster wird in Richtung x" bewegt und in Richtung y" auf die Sollauslenkung y''_S nachgeregelt. Das Regelkoordinatensystem x", y" dreht so mit der Scanningbahn mit. Die Tasterauslen-

der Taster hierdurch deren Verlauf (Abb. 29a). Die Richtung der Oberflächentangente kann aus dem Vektor der Tasterauslenkung bestimmt werden, da dieser immer annähernd senkrecht zur Oberfläche zeigt. Dies gilt, wenn die Reibung vernachlässigt wird und die Antastkraft isotrop (in allen Richtungen gleich) ist. Man kann sich diesen Vorgang als Bewegung des Sensors in einem virtuellen Koordinatensystem mit Ursprung im Berührungspunkt des Tastelements mit dem Messobjekt vorstellen. Das Drehen dieses Sensorkoordinatensystems entlang der Oberflächennormalen während des tangentialen Bewegens führt beispielsweise zum Scannen eines Kreises (Abb. 29b).

In ähnlicher Weise kann in vordefinierten Ebenen räumlich gescannt werden. Bei dreidimensionalen Oberflächen ist jedoch grundsätzlich die Problematik der Tastkugelkorrektur an unbekannten Flächen zu beachten (s. Abb. 25, S. 39). Das Scanning kann auch unter Berücksichtigung von vorgegebenen Bahnen (z. B. aus CAD-Daten) erfolgen. Hierdurch ist es möglich, erheblich schneller zu scannen, da der Regelvorgang nach der Tasterauslenkung einfacher wird oder vollständig entfallen kann. Die realen Algorithmen für das Scanning berücksichtigen je nach Aufgabenstellung weitere Einflussfaktoren und sind deshalb komplexer. Ein weiterer Betriebsmodus der messenden Taster ist das selbstzentrierende Messen von Lücken in Verzahnungen und von Nuten oder Ähnlichem (s. Abb. 31f, S. 47).

kung wird im Tasterkoordinatensystem x', y' erfasst und zur Position x, y des Sensors im Gerät addiert. Es ergeben sich für jede Position die Koordinaten x_M und y_M des Tastkugelmittelpunkts im Gerätekoordinatensystem.

Räumlich scannen

Der Einsatz von messenden Tastsystemen ist universell möglich, sofern die Werkstückeigenschaften dies zulassen (Empfindlichkeit, Merkmalsgröße). Der wesentliche Vorteil liegt in der hohen Punkteanzahl (Scanning), um auch die Form der Geometriemerkmale zu berücksichtigen.

Form taktil messen

Messende taktil-optische Sensoren

Herkömmliche taktile Sensoren haben gemeinsam, dass die Signalübertragung vom Antastformelement über einen starren Schaft zum eigentlichen Sensor (Schalter, Piezoelement) erfolgt. Da sich jede Durchbiegung des Tasters auf das Messergebnis auswirkt, ist man bestrebt, möglichst steife Taststifte zu verwenden. In Verbindung mit der verwendeten Sensorik führt dies zu relativ großen Abmessungen und Antastkräften (s. S. 102 ff.). Praktisch liegt die untere Grenze für den Tastkugeldurchmesser bei einigen 0,1 mm und für die Antastkraft bei ca. 10 mN. Für das Messen kleiner oder empfindlicher geometrischer Merkmale sind solche Tastsysteme somit nur bedingt geeignet. Auch das Reduzieren der Baugröße bei Beibehaltung des Prinzips löst diese Probleme nicht, weshalb sich solche Mikrotaster in der Praxis nicht durchgesetzt haben.

Taktil-optisches Funktionsprinzip messend – Nachteile konventioneller Taster werden vermieden

Die beschriebenen Nachteile werden bei messenden taktil-optischen Sensoren dadurch umgangen, dass der Tasterschaft lediglich zum Positionieren der Tastkugel genutzt wird. Die eigentliche Messung der Position der Tastkugel erfolgt beim *Werth Fasertaster®* (WFP: Werth Fiber Probe®) direkt durch in das System integrierte optische Sensoren. Die Durchbiegung des Schafts ist daher prinzipbedingt nicht im Messergebnis enthalten.

Die Bestimmung der Auslenkung der Tastkugel in lateraler Richtung zum Schaft (x, y) erfolgt mit einem Bildverarbeitungssensor (Abb. 30 links). Hierzu wird dem Antastformelement (Glaskugel) über den Glasfaserschaft Licht zugeführt. So kann im Selbstleuchtmodus gemessen werden (Abb. 31). Es ist auch möglich, den Fasertaster im Durchlichtmodus zu betreiben. Mit einer nahe oberhalb der eigentlichen Tastkugel angeordneten Marke (z. B. zweite Kugel) können Abschattungen des Bildverarbeitungsstrahlengangs durch das Messobjekt vermieden werden (Abb. 30 rechts).

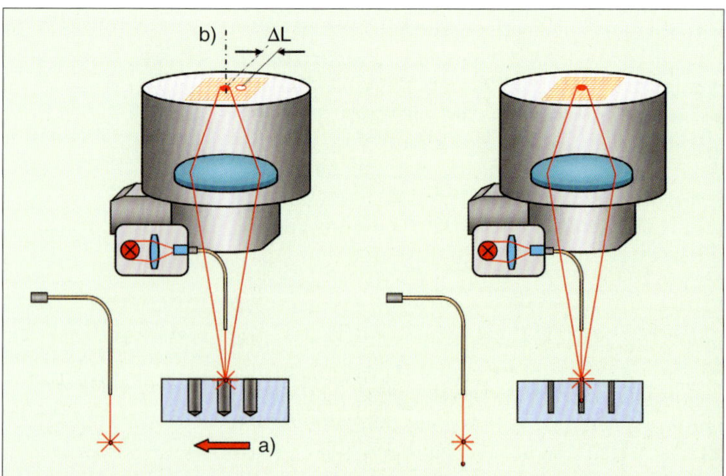

Abb. 30: Funktionsprinzip des Werth Fasertasters®: Einkugeltaster (links): Die Bewegung des Messobjekts (a) führt zur Antastung und Auslenkung ΔL vom Sensornullpunkt in der Bildebene der Kamera (b). Zweikugeltaster (rechts): Auch beim Antasten in größerer Tiefe erfolgt keine Abschattung der Kugel durch das Objekt.

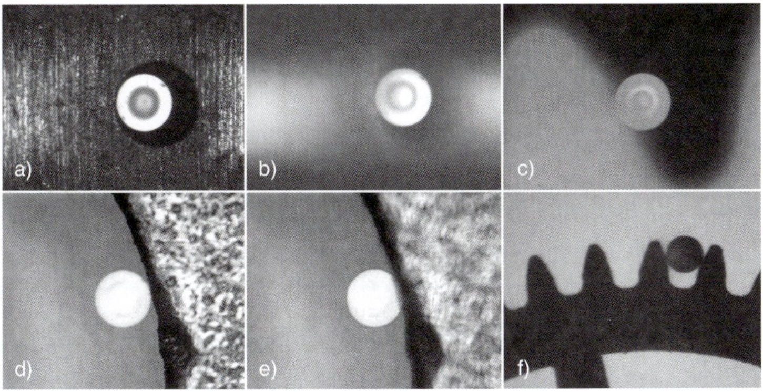

Abb. 31:
Beispiele für das Messen mit dem Werth Fasertaster® im Selbstleuchtmodus:
a) Dieseleinspritzdüse mit 200 µm Durchmesser, Eintauchtiefe 0 mm
b) Eintauchtiefe −0,6 mm
c) Flankenlinienmessung an einem Zahnrad
d, e) Messung einer Bohrung mit Grat
f) Beispiel für das Messen im Durchlichtmodus: selbstzentrierendes Messen eines Zahnrads

Durch die Aufnahme des dünnen Tasterschafts z.B. in einem Metallröhrchen entsteht ein in Schaftrichtung steifer zweidimensionaler Fasertaster. Auf diese Weise wird auch erreicht, dass die Tastkugel trotz geringer Steifigkeit des Schafts gut positioniert werden kann (Abb. 32). Mit einem derartigen Fasertaster lassen sich auch dreidimensionale Messungen durchführen, sofern die anzutastenden Objektoberflächen mit der Fasertasterachse einen ausreichend kleinen Winkel (optimal bis 45°) bilden.

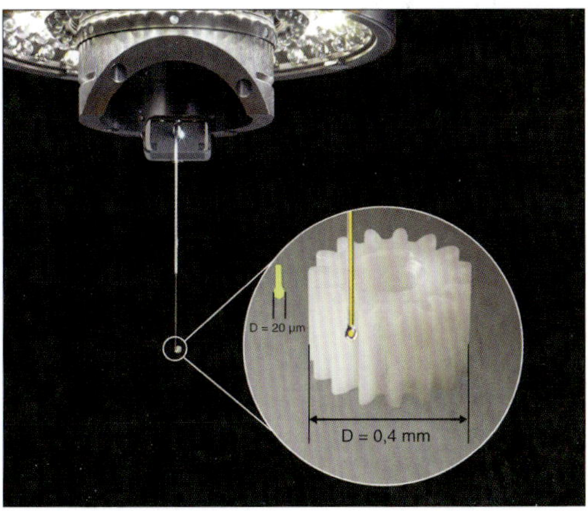

Abb. 32:
Messung eines Mikrozahnrads mit dem Werth Fasertaster® – die Faser wird in einer Metallkanüle geführt.

Piezoschwinger: kein Stick-Slip-Effekt

Aufgrund des Unterschieds zwischen Haft- und Gleitreibung kann beim Scannen, insbesondere mit sehr langem und dünnem Tasterschaft, der Stick-Slip-Effekt auftreten. Dadurch wird die Tastkugel mit ungleichförmiger Geschwindigkeit und Punktedichte entlang der Oberfläche bewegt. Durch ein integriertes Piezoelement wird der Taster während der Scanbewegung mit geringer Frequenz entlang der Schaftrichtung bewegt, Hierdurch lässt sich das Auftreten der Haftreibung vermeiden und ein gleichförmiger Scanvorgang gewährleisten.

Messen kleinster Merkmale

Typische Anwendungen für den Fasertaster sind Bohrungen und Schlitze mit Maßen unter 0,5 mm bis einigen 10 µm, Lichtwellenleiterstecker, Mikrozahnräder (Modul ca. 0,1 mm, s. Abb. 32), Spinndüsengeometrien, Zahnimplantate und – in Verbindung mit einem Schwenkgelenk – Kühlbohrungen an Teilen von Flugzeugtriebwerken (s. Abb. 17, S. 24). Zur Messung von Düsengeometrien von Einspritzsystemen für Motoren werden die Werkstücke auf einer Dreh-Schwenk-Achse mikrometergenau im Messvolumen positioniert. Mit der Bildverarbeitung werden die ca. 0,1 mm kleinen Bohrungen »eingefangen«. Die eigentliche Messung der Bohrungen erfolgt dann mit dem Fasertaster. Dieser bestimmt sowohl die Form der Bohrlöcher als auch deren räumliche Lage. Ähnlich können auch Gänge von Mikrogewinden im Normalschnitt gemessen werden. Der Fasertaster ist außerdem für Rauheitsmessungen geeignet [6].

Das bereits oben erwähnte Prinzip des selbstzentrierenden Messens mit messenden Tastsystemen wird in Abbildung 31f (S. 47) am Beispiel einer Zahnlückenmessung mit dem Fasertaster gezeigt. Ist die kalibrierte Tastkugel in eine Zahnlücke positioniert, ergibt sich aus dem Messwert des Fasertasters und der Sensorposition die Position der Kugelmitte und somit der Lücke am Zahnrad. Aus mehreren Positionen in verschiedenen Zahnlücken können dann z. B. das Zweikugelmaß oder die Teilungsabweichung des Zahnrads bestimmt werden.

Fasertaster 3D

Durch Integration eines zusätzlichen optischen Abstandssensors kann auch die Tasterauslenkung in Schaftrichtung gemessen werden. Um ein annähernd isotropes Antastverhalten in allen drei Achsen zu erzielen, wird der Taststift in einem ringförmigen Federelement aufgenommen. Der Werth Fasertaster® 3D (Abb. 33

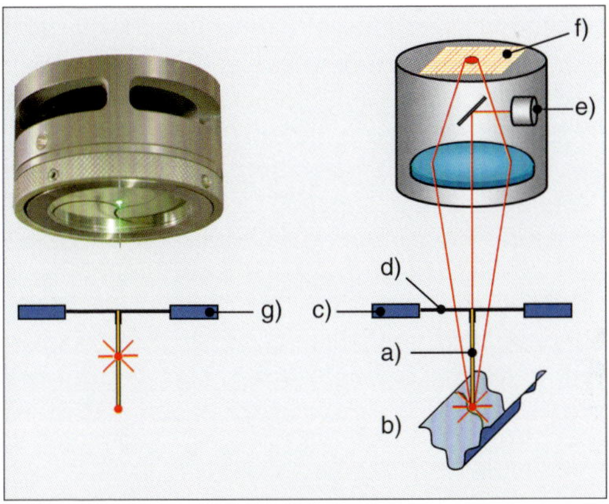

*Abb. 33:
Werth Fasertaster® 3D:
a) Fasertasterelement
b) Werkstück
c) Wechseleinheit mit
d) flexiblem Halteelement
e) Abstandssensor (z)
f) Bildverarbeitungssensor (x, y)
g) Wechseleinheit mit Zweikugelausführung*

links) kann in allen Betriebsarten (z. B. punktweises Messen, Scannen mit und ohne vorgegebene Bahnen) genutzt werden, die auch für die herkömmlichen messenden Taster zur Verfügung stehen. Anwendungen sind z. B. das Messen von Mikrooptiken (Linsen für Mobiltelefone) und Gummiformteilen sowie das Scannen von schräg verzahnten Mikrozahnrädern mit einer Drehachse.

Messen in allen Betriebsarten

Zusammenfassend die wesentlichen Vorteile der Fasertaster: Durch das direkte Messen der Position des Tastelements kann dieses und der Schaft nahezu beliebig klein – bei Erscheinen

Kleine Kugelradien und geringe Antastkräfte

dieses Buches (2. Auflage, 2019) bis zu einem Kugelradius von 10 µm als Serienprodukt – ausgeführt werden. Aufgrund der geringen Durchmesser der Tasterschäfte entstehen nur sehr kleine Antastkräfte (bis zu wenigen Mikronewton, s. S. 102 ff.). Dadurch ist ein Einsatz an besonders berührungsempfindlichen oder leicht verformbaren Messobjekten möglich. Für solche Anwendungen kann der Einsatz von Fasertastern mit größeren Tastkugeln sinnvoll sein. Durch die hohe Biegeelastizität der Schäfte besteht auch im rauen Betrieb in der Fertigungsumgebung kaum das Risiko des Abbrechens. Ein weiterer Vorteil liegt darin, dass die Bildverarbeitung und der Abstandssensor auch zum direkten optischen Messen der Werkstückgeometrie genutzt werden können. Der Fasertaster wird währenddessen in einem Taststiftwechsler abgelegt. Ein so ausgestattetes Gerät kann ohne zusätzliche Sensoren als optisch-taktiles Multisensor-Koordinatenmessgerät eingesetzt werden. Ein Versatz der Messbereiche zwischen den verschiedenen Sensoren entfällt. Bedingt durch sein Wirkungsprinzip gehört der Fasertaster neben dem Bild-

Multisensorik: Taster, Bildverarbeitung, Laser

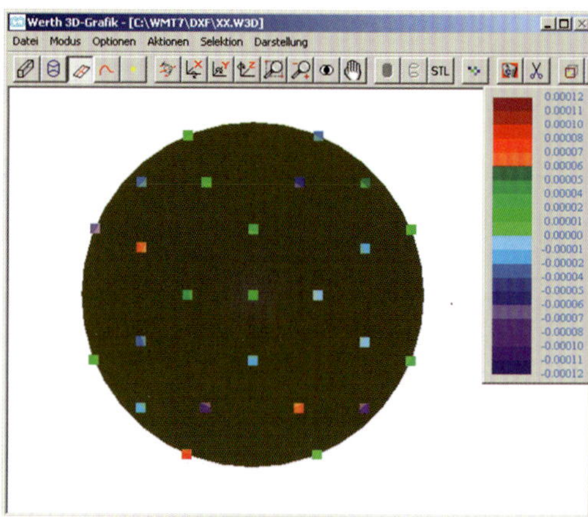

Abb. 34: Antastabweichung des Werth Fasertasters® 3D

verarbeitungssensor zu den derzeit genauesten Sensoren für Koordinatenmessgeräte. Seine Antastabweichung beträgt (Stand 2019) wenige 0,1 µm (Abb. 34).

Taktil-optischer Kontursensor

Der taktil-optische Kontursensor (WCP: Werth Contour Probe) kombiniert die von Konturmessgeräten bekannten Tastschnittnadeln mit einem Laserabstandssensor (WLP, s. S. 27 f.) und der Bildverarbeitung. Mit diesem Kontursensor können Rauheits- und Konturmessungen mit hoher Genauigkeit im Koordinatenmessgerät durchgeführt werden. Wie Abbildung 35 zeigt, wird die Auslenkung der Tastschnittnadel mit dem sonst direkt für die Messung der Werkstückoberfläche eingesetzten Lasersensor gemessen. Ein Vorteil dieser Anordnung ist die Einhaltung des *Komparatorprinzips*. Durch Ablegen des Konturtasters in einem Taststiftwechsler kann alternativ mit dem Lasersensor oder der Bildverarbeitung direkt gemessen werden. Die Einbindung des taktil-optischen Kontursensors in ein Koordinatenmessgerät ermöglicht eine vollautomatische Konturmessung in einem großen Messvolumen. Ein weiterer Vorteil ist die hohe Positionsgenauigkeit der Messung im Werkstück-Bezugssystem und die beliebige Scanrichtung

Konturmessung in Werkstückkoordinaten

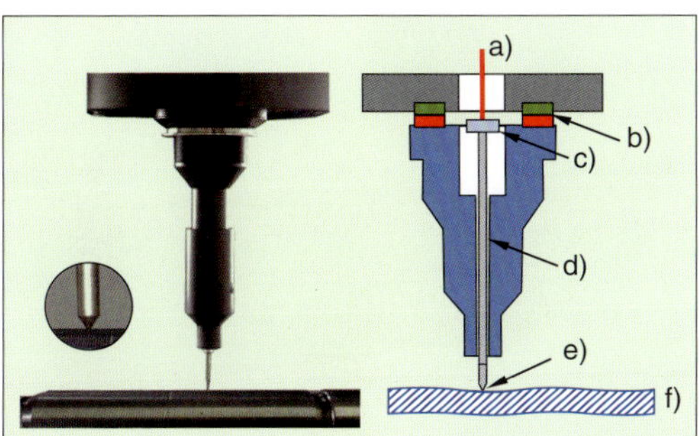

Abb. 35: Werth Contour Probe (WCP): Zusatzeinrichtung für taktile Konturmessung mit Abstandssensoren:
a) Messstrahl
b) Magnetschnittstelle
c) Spiegel
d) Lagerung
e) Tastspitze
f) Werkstück

in der Ebene. Dies ist mit klassischen Konturmessgeräten nicht möglich. Die Auswertung der gemessenen Daten erfolgt durch Softwarefunktionen für Rauheit, Maß, Form und Lage. Anwendungsbeispiele sind: Profilmessungen an Verzahnungssegmenten oder geprägten Blechen, Messung von Profilschnitten von Strangmaterial mit kleinen Geometrien, Rauheitsmessung von Stanzbiegeteilen an definierten Positionen, Konturmessung in Sacklöchern von Einspritzdüsen, an Linsen oder an Spritzgussteilen.

Röntgentomografie-Sensor

Röntgentomografie: vollständig und genau messen

Die Röntgentomografie (auch Computertomografie, kurz CT) ermöglicht die vollständige Erfassung der Geometrie von Werkstücken unabhängig von deren Komplexität. Es werden sowohl Außen- als auch Innengeometrien erfasst. Die mangels ausreichender Genauigkeit hauptsächlich auf die Materialprüfung beschränkte industrielle Computertomografie wurde 2005 auch für die Koordinatenmesstechnik anwendbar (Abb. 36). Wegen der kurzen Messzeiten

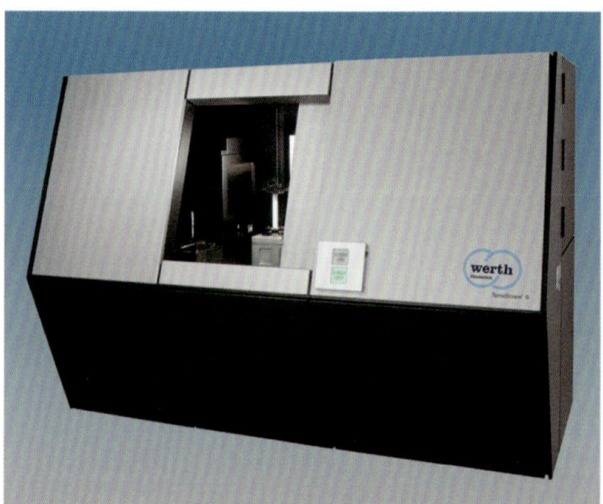

Abb. 36: TomoScope® S: die aktuelle Version des 2005 vorgestellten ersten Koordinatenmessgeräts mit Röntgentomografie – optional mit Multisensorik

bei Objekten mit vielen Merkmalen führt die Anwendung dieser Geräte zu einer erheblichen Beschleunigung von Prozessketten und zur Erhöhung der Wirtschaftlichkeit.

Röntgenstrahlung durchdringt das Messobjekt

Für die Röntgentomografie wird die Fähigkeit der Röntgenstrahlung genutzt, Objekte zu durchdringen. Auf dem Weg durch ein Objekt wird ein Teil der auftreffenden Strahlung absorbiert. Je länger die Durchstrahlungslänge im Objekt ist, desto weniger Strahlung tritt hinter dem Objekt wieder aus. Darüber hinaus hängt die Absorption aber auch vom Material ab. Ein Röntgendetektor erfasst die auftreffende Röntgenstrahlung als zweidimensionales Durchstrahlungsbild. Bei Seitenlängen der Detektoren von ca. 50 mm bis 400 mm kann ein großer Teil der Messobjekte jeweils in einem Bild erfasst werden.

Durchstrahlungsbilder, Voxel-Volumen und Punktewolken

Um ein Objekt zu tomografieren, werden nacheinander einige hundert solcher zweidimensionalen Durchstrahlungsbilder in verschiedenen Drehlagen des Messobjekts aufgenommen (Abb. 37a). Das Objekt befindet sich dazu auf einem Drehtisch, der sukzessive weitergedreht wird. Die in dieser Bildfolge enthaltene dreidimensionale Information über das Messobjekt wird durch geeignete mathematische Verfahren (Rückprojektion) extrahiert und als so genanntes Voxel-Volumen, bestehend aus vielen Einzelvoxeln zur Verfügung gestellt. Jedes *Voxel* (von Volumen und Pixel) verkörpert für einen definierten Ort im Messvolumen die Absorptionseigenschaften des Messobjekts bzw. der umgebenden Luft. Ähnlich wie bei der zweidimensionalen Bildverarbeitung werden aus den Voxel-Daten mit geeigneten Schwellwert- oder anderen Verfahren die eigentlichen Messpunkte berechnet. Dies kann mit einer Auflösung und Genauigkeit bis auf Bruchteile der Voxelgröße realisiert werden (»Subvoxeling«, [7]).

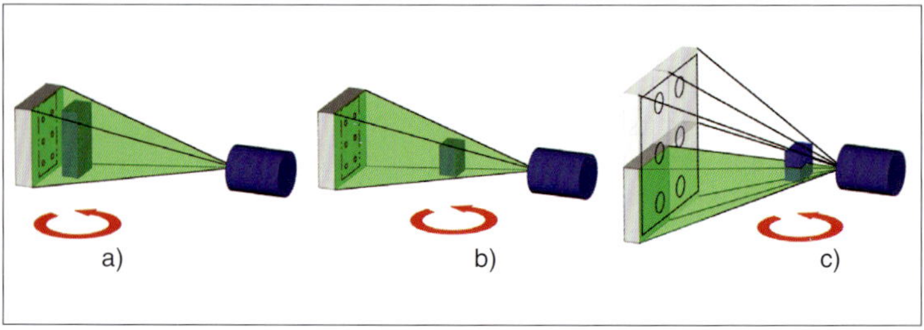

Abb. 37: Röntgentomografie: Die von einer punktförmigen Röntgenquelle ausgehende Strahlung gelangt durch das Messobjekt auf den Flächensensor. Es werden Bilder in verschiedenen Drehlagen aufgenommen.
a) geringe Vergrößerung
b) höhere Vergrößerung
c) Rastertomografie

Die eingesetzten Sensoren weisen gegenwärtig bis zu 16 Millionen Bildpunkte auf. Im Messvolumen ergeben sich hieraus typischerweise einige Hunderttausend bis wenige Millionen Messpunkte, die gleichmäßig über die Oberfläche des zu messenden Teils verteilt sind. Es werden auch Geometrien im Inneren der Messobjekte wie Hohlräume oder Hinterschnitte erfasst. Die Messpunkte können mit den bekannten Methoden der Koordinatenmesstechnik ausgewertet werden.

Rastertomografie

Ähnlich wie bei der Messung mit einer Bildverarbeitung ist es bei der Tomografie möglich, die Vergrößerung zu verändern, um kleine Teile mit hoher Vergrößerung oder größere Teile komplett mit geringerer Vergrößerung zu erfassen (Abb. 37b). Hierzu werden entweder das Messobjekt innerhalb des Strahlengangs oder die Röntgenkomponenten (Röntgenquelle und Detektor) relativ zum Messobjekt in axialer Richtung verschoben. In manchen Fällen reicht die Größe des Sensors oder die zur Verfügung stehende Pixelanzahl dennoch nicht aus, um große Teile oder kleine Merkmale mit ausreichender Auflösung zu tomografieren. In solchen Fällen werden der Drehtisch mit dem Messobjekt und die Röntgenkomponenten relativ zueinander verschoben. Anschließend werden die so aufgenommenen Bilder bzw. Volumenabschnitte exakt aneinandergefügt (*Rastertomografie*, Abb. 37c).

Vielfältige Anwendungen

Die Anwendungsmöglichkeiten der Röntgentomografie sind praktisch nur durch die Durchstrahlbarkeit der zu messenden Objekte und die Genauigkeitsanforderungen begrenzt. Die weiteste Verbreitung hat diese Technik deshalb beim Kunststoffspritzen gefunden. Neben der schnellen Erstbemusterung vieler Merkmale können die herstellungsbedingten Abweichungen gegenüber dem CAD-Modell erfasst werden. Das Modell für das Werkzeug wird nachfolgend über entsprechende Softwarefunktionen automatisch oder manuell gezielt verändert. So werden korrigierte Werkzeuge hergestellt und Verfahrenseinflüsse kompensiert. Praktische Anwendungen sind das Messen von Autoscheinwerfern, Steckermodulen, Schneidkanten von Scherköpfen für Elektrorasierer und der Gesamtgeometrie von Dieseleinspritzdüsen. Das Verfahren kann auch zur Prüfung der Maße von Komponenten montierter Baugruppen und innenliegender Geometrien sowie zur Werkstoffanalyse (Einschlüsse) eingesetzt werden.

Werkzeugkorrektur automatisiert

Die Röntgentomografie hat sich innerhalb der Koordinatenmesstechnik zu einem eigenständigen Fachgebiet entwickelt. Physikalische Hintergründe, weitere Messverfahren, Anwendungsgebiete und das Thema »Genauigkeit« werden in einem weiteren Band der Reihe Die Bibliothek der Technik [8] ausführlicher dargestellt.

Gerätebauweisen und Einsatzgebiete

Konstruktionsprinzip an Anwendung orientiert

Wie die Sensorik richtet sich auch das Konstruktionsprinzip des Koordinatenmessgeräts nach der Anwendung. Auf diese Weise lassen sich die wichtigsten Leistungsparameter optimieren. Während für weniger hohe Anforderungen gezielt kostengünstige Lösungen gefunden werden können, nutzen Geräte der höchsten Genauigkeitsklasse alle technischen Möglichkeiten. Welche Bauweise unter wirtschaftlichen Gesichtspunkten vorteilhaft ist, hängt auch vom Messbereich ab.

Koordinatenmessgeräte mit Kreuztisch

Das Messmikroskop mit Kreuztisch ist der Urvater aller Koordinatenmessgeräte. Der Bediener visiert mit einem optischen Fadenkreuz die zu messenden Punkte des Objekts an und liest im einfachsten Fall die Koordinaten an den Maßstäben des Messtisches ab. Geräte dieser Bauform werden heute nur noch für einfachste Messaufgaben eingesetzt. Ein wesentlicher Nachteil liegt darin, dass der Bediener durch das visuelle Anfahren der Messpunkte direkten Einfluss auf das Messergebnis ausübt. Bei Messprojektoren wird die Funktion des Mikroskops durch einen Projektionsschirm mit Fadenkreuz übernommen. Auf diesem Schirm kann zusätzlich ein Vergleich mit Transparentzeichnungen erfolgen.

Kreuztische für kleinere Messbereiche

Auch moderne Koordinatenmessgeräte mit optoelektronischen Sensoren basieren häufig auf mechanisch gelagerten Kreuztischen (Abb. 38a). Die z-Achse ist ebenfalls mechanisch gelagert. Diese Geräte sind heute überwiegend in allen

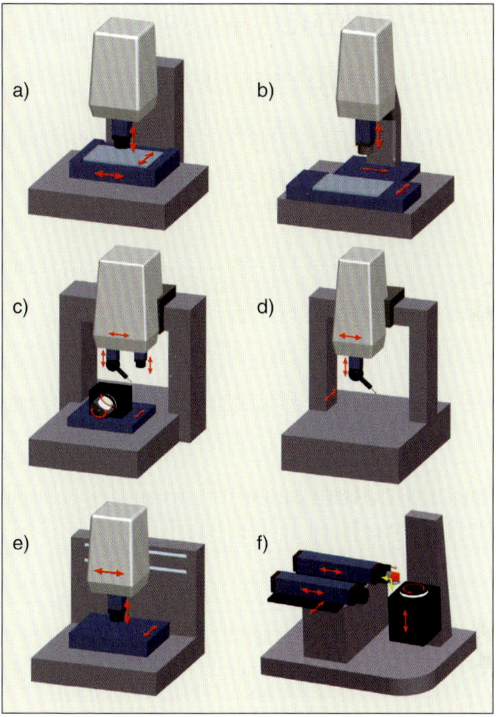

Abb. 38: Gerätebauweisen:
a) Kreuztisch
b) Führungen in einer Ebene
c) festes Portal mit Dreh-Schwenk-Achse
d) bewegtes Portal
e) L-Bauweise
f) Gerät mit horizontal angeordneter Sensorik, Winkeloptik und Drehtisch

drei Achsen voll automatisiert. Der Messbereich beträgt etwa 200 mm bis 400 mm. Wesentlich größere Messbereiche sind in dieser Bauweise nicht wirtschaftlich.

Führungssystem bestimmt die Genauigkeit

Der Kreuztisch wird in verschiedenen Genauigkeitsklassen realisiert. Der Einsatz einfacher, mechanisch vorgespannter Führungen (Kreuzrollen, Kugelumlaufprinzip) erlaubt nur mittlere Genauigkeiten. Werden z. B. im Messraum oder in der Fertigungskontrolle höhere Anforderungen an die Genauigkeit und Langzeitstabilität der Geräte gestellt, müssen besondere konstruktive Wege beschritten werden. Zum besseren Beherrschen der Temperatureinflüsse wird Aluminium als Systemwerkstoff verwen-

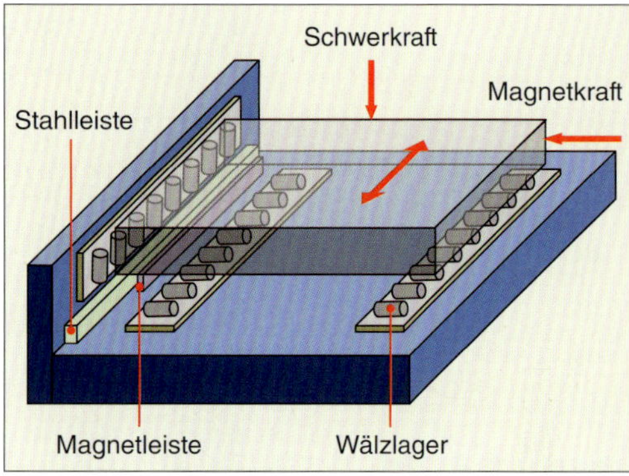

Abb. 39: Spannungskonstantes Führungssystem der Werth-Messtische

det. Seine hohe Wärmeleitfähigkeit minimiert die Temperaturunterschiede und somit die Verformungen in den Geräten. Um ausdehnungsbedingte Spannungsänderungen in den Führungssystemen zu vermeiden, wird ein spezielles Führungssystem eingesetzt, bei dem die Vorspannung durch Magnetkraft und durch die Schwerkraft erzeugt wird (Abb. 39). Dieses Führungssystem verringert zugleich erheblich die Reibung und somit das Umkehrspiel. Aus diesem Grund wird auch weitgehend auf Reibung erzeugende Abdeckungen (Faltenbälge) verzichtet.

Langzeitstabiles Führungssystem

Die Langzeitstabilität des Systems wird auch dadurch unterstützt, dass die Herstellung der Führungsbahnen ohne Justage erfolgt. Sie werden in einem Präzisionsbearbeitungsprozess mit Geradheitsabweichungen von ca. 1 µm gefertigt. In Verbindung mit einer Temperaturkompensation eignet sich dieses Bauprinzip ideal für Einsatzfelder mit größeren Temperaturschwankungen.

Grundausstattung Bildverarbeitung

Bei dem als Beispiel in Abbildung 40 gezeigten Gerät kommt als Sensorgrundausstattung eine Bildverarbeitungssensorik mit einer Werth Zoomoptik zum Einsatz, die hohe Flexibilität mit hoher Genauigkeit verknüpft. Hierfür sind leistungsstarke automatische

Abb. 40: VideoCheck® 400: kompaktes Multisensor-Koordinatenmessgerät mit spannungskonstanten Führungen

Modulare Multisensorik

Durch- und Auflichtbeleuchtungssysteme integriert. Die scanningfähige Bahnsteuerung gestattet die Ausrüstung des Systems mit einem Lasersensor (WLP), einem dreidimensional messenden Tastsystem oder dem Werth Fasertaster®. Die Geräte werden damit zu Multisensor-Koordinatenmessgeräten. Dreh-Schwenk-Gelenke für die Tastsysteme oder Drehachsen für die Messobjekte erweitern bei Bedarf den Einsatzbereich dieser Geräteklasse.

Koordinatenmessgeräte mit Führungen in einer Ebene

Kostengünstige und solide Bauweise

Durch Anordnung der Führungen in den Hauptmessrichtungen (x und y) auf einer gemeinsamen Basisplatte aus Granit wird eine besonders einfache, aber solide Bauweise erreicht (s. Abb. 38b, S. 57). Optische Messaufgaben ergeben sich häufig an relativ flachen Messobjekten. Weil die Führungen in einer Ebene liegen, beeinflussen Führungsabweichungen das Messergebnis nur geringfügig.
Ein Haupteinsatzgebiet dieser Geräte ist die Qualitätskontrolle in Fertigungsprozessen. Um die Transportwege kurz zu halten, werden die

Abb. 41: ScopeCheck® 400: Standardgerät für das Messen mit Bildverarbeitung und Multisensorik

Geräte oft direkt in der Produktion aufgestellt. Größere Temperaturschwankungen und Verschmutzungen, wie sie in dieser Umgebung vorkommen, sind in der konstruktiven Auslegung berücksichtigt. Die genauigkeitsbestimmenden Elemente werden aus Stahl oder Hartgestein, d.h. Materialien mit ähnlichem Ausdehnungskoeffizienten gefertigt. So werden die thermisch bedingten Verformungen des Geräts minimiert. Bei dem in Abbildung 41 als Beispiel gezeigten Gerät werden verbleibende Temperatureffekte durch eine integrierte Temperaturkompensation weiter reduziert (s. *Temperatureinfluss*, S. 119 ff.). Zum Schutz gegen Verschmutzungen sind alle empfindlichen Komponenten wie Maßstäbe und Führungen gekapselt bzw. abgedeckt. Bei der Auslegung der Komponenten wird auf hohe Belastbarkeit (keine Verformung durch Zuladung) und den Einsatz von Standardkomponenten (z.B. Profilschienen-Wälzführungen) zur Kostenreduktion Wert gelegt.

Messtechnik für die Fertigungsumgebung

In der Grundausstattung ist diese Geräteklasse mit einem Bildverarbeitungssensor mit Zoomoptik ausgestattet. Hinzu kommen die grundsätzlichen Beleuchtungsarten Durchlicht, Hellfeld-Auflicht und Dunkelfeld-Auflicht. Optional kann das System durch taktile Messköpfe ergänzt werden. Eine speziell zugeschnittene Kompaktsteuerung ist so in das Gerät integriert, dass die Wärmeeinbringung vernachlässigbar ist. Um den Service zu erleichtern, werden durch Verwendung eines CAN-Bussystems alle Gerätekomponenten über ein einheitliches Verbindungskabel angesteuert.

Messunsicherheit einige Mikrometer

Durch die für die Fertigungskontrolle optimierte Bauweise (mechanische Führungen und Abdeckungen) sind Messunsicherheiten bis zu wenigen Mikrometern erreichbar. Außer in der Fertigungskontrolle, z. B. in der spanenden Bearbeitung, Blechteilefertigung oder in der Kunststoffspritzgussfertigung, werden diese Geräte u. a. auch im Werkzeugbau und in der Wareneingangskontrolle eingesetzt.

Die besonderen Anforderungen des Werkstatteinsatzes an eine möglichst einfache Bedienung werden durch das Steuerungskonzept (Einstellung der Beleuchtungsintensität über Drehknöpfe, Tasten auf dem Joystickpanel) und spezielle Softwarefunktionen wie die automatische Messelementerkennung (WinWerth®-Autoelement, s. S. 78 ff.) erfüllt. Die Anforderungen an den Bediener, um Messabläufe zu starten, werden mit Hilfe von Barcode-Lesern und dem Einblenden von Fotos, die die Aufspannsituation der Messobjekte zeigen, auf ein Minimum reduziert.

Koordinatenmessgeräte mit Portal

Portalbauweise für große Messbereiche

Für Messbereiche größer als etwa 400 mm wird die Bauweise als Portalgerät wirtschaftlich. Allen Portalgeräten ist gemeinsam, dass die Pinole mit den Sensoren an einer torartigen Basisstruktur vertikal und horizontal verschiebbar angeordnet ist. Die dritte erforderliche Bewegungsrichtung wird durch Verschieben des gesamten Portals oder eines Messtisches realisiert. Geräte mit festem (s. Abb. 38c, S. 57) oder bewegtem (s. Abb. 38d) Portal unterscheiden sich in verschiedenen Eigenschaften, z. B. in der Genauigkeit und im Platzbedarf.

Führungen: mechanisch oder luftgelagert

Die Führungssysteme können mechanisch, z. B. mit Profilschienen-Wälzführungen (Abb. 42), oder als Luftlagerführungen ausgeführt sein. Mechanische Führungssysteme eignen sich für den Einsatz in der Produktionsumgebung, da sie weitgehend unempfindlich gegen Verschmutzungen sind. Die Reproduzierbarkeit der Führungsabweichungen erreicht wegen der beweglichen Wälzkörper allerdings nicht die hohe Qualität der Luftlagerführungen. Dies beschränkt die erreichbare Systemgenauigkeit. Bei höheren Genauigkeitsanforderungen werden deshalb Luftlager eingesetzt. Die hochgenauen Führungsbahnen bestehen hierfür vorzugsweise aus natürlichem Hart-

Abb. 42: ScopeCheck® FB DZ: Messgerät für die Fertigungskontrolle

gestein (Granit). Auf ihnen gleiten die beweglichen Komponenten auf einem Luftpolster von wenigen Mikrometern Dicke fast reibungsfrei. Die Kräfte zum Bewegen der Messschlitten sind somit sehr klein. Die deshalb geringe Hysterese führt zu guter Reproduzierbarkeit der Positioniervorgänge und bildet eine wichtige Grundlage für hohe Genauigkeiten. Durch die luftgefederte Anordnung einiger Lager kann eine konstante Vorspannung des gesamten Führungssystems auch bei großen Temperaturschwankungen erreicht werden.

Luftlagerung ist genauer

Koordinatenmessgeräte mit bewegtem Portal

Große Messbereiche kostengünstig realisiert

Koordinatenmessgeräte mit bewegtem Portal verkörpern das derzeit am häufigsten realisierte Konstruktionsprinzip großer Geräte. Durch die Integration aller drei Messachsen in das bewegte Portal bleibt das Werkstück während der Messung in Ruhe. So können auch sehr schwere Werkstücke gemessen werden. Derartige Geräte werden vorzugsweise nur mit taktiler Sensorik ausgestattet. Die aufeinander angeordneten bewegten Achsen begrenzen die zulässige Masse und somit den Einsatz komplexer Sensoranordnungen. Das Einbringen einer hochwertigen Durchlichtbeleuchtung für den gesamten Messbereich, wie sie für Koordinatenmessgeräte mit Bildverarbeitung oft notwendig ist, erfordert relativ aufwendige konstruktive Maßnahmen. Es gibt hierfür drei prinzipielle Möglichkeiten:

Durchlicht im gesamten Messbereich

- Flächenleuchtfeld in der Größe des Messbereichs
- mit dem Portal bewegtes Linienleuchtfeld
- in zwei Achsen bewegtes punktförmiges Leuchtfeld.

Der Platzbedarf für das Messgerät ist wegen des stationären Messtisches geringer als bei

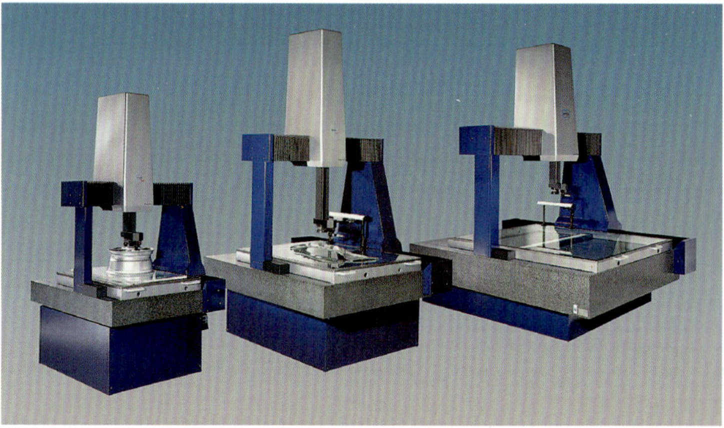

Abb. 43: ScopeCheck® MB: Portalmessgeräte mit bewegter Brücke

einem Gerät mit festem Portal, bei dem als Bewegungsraum für den Messtisch mindestens die doppelte Größe des Messbereichs benötigt wird. Bei bewegtem Portal kommt zum Messbereich nur die erforderliche Führungslänge für das Portal bzw. den Sensorschlitten hinzu, die jeweils durch den Abstand zwischen den Luftlagern (bzw. Führungswagen bei mechanischen Führungen) in Bewegungsrichtung definiert sind. Deshalb werden Geräte mit größerem Messbereich überwiegend mit bewegtem Portal ausgeführt. Abbildung 43 zeigt Beispiele solcher Geräte. Der Glastisch und die linienförmige Durchlichteinrichtung wirken im gesamten Messbereich. Sie können für die Messung großer und schwerer Teile leicht entfernt werden.

Koordinatenmessgeräte mit festem Portal

Stabiler Aufbau mit festem Portal

In Koordinatenmessgeräten mit feststehendem Portal sind die beiden Hauptbewegungsachsen voneinander unabhängig. Die Antriebssysteme und Maßstäbe aller drei Achsen können zentral angeordnet werden. So wird das Komparatorprinzip weniger verletzt. Dies führt in Verbindung mit hoher Steifigkeit zu geringen

Messunsicherheiten. Der insgesamt stabilere Aufbau ist für das Anordnen mehrerer Sensoren an einer Pinole gut geeignet und erleichtert auch den Einsatz mehrerer Pinolen. Der Sensorwechsel erfolgt dabei durch Ein- und Ausfahren der betreffenden Pinole. Die deaktivierten Sensoren können das freie Positionieren des aktiven Sensors nicht durch Kollision mit dem Messobjekt behindern. Besonders vorteilhaft für optische und Multisensor-Koordinatenmessgeräte ist die einfache Integrierbarkeit von Durchlicht-Beleuchtungssystemen. Diese können durch den Einsatz spezieller Optiken optimiert werden (s. *Bildverarbeitungssensoren*, S. 13 ff.).

Mehrere Pinolen für kollisionsfreies Messen

Im Messbetrieb wird das Messobjekt auf die Glasplatte des Messtisches aufgelegt oder in einer Vorrichtung auf dem Messtisch befestigt. Die mit dieser Geräteklasse erreichbaren Messunsicherheiten liegen unter 1 µm. Beim Einsatz ist allerdings zu beachten, dass nicht alle Sensoren die gleiche geringe Antastabweichung aufweisen. Die Gerätebauweise ist bis zu Messbereichen von ca. 2000 mm × 2000 mm × 1000 mm sinnvoll. Auch kleine Messbereiche können in ähnlicher Bauform realisiert werden. Auf den Durchlass im Portal für den Messtisch kann dann verzichtet und das Portal durch eine Platte ersetzt werden (L-Bauweise, s. Abb. 38e, S. 57).

Messunsicherheit unter 1 µm

Linearantriebe optimieren die Messgeschwindigkeit von *Portalgeräten für den Einsatz in der Fertigungsüberwachung*. Mit solchen Antriebssystemen lassen sich die Sensorik und/oder das Messobjekt mit 10 m/s^2 (etwa 1 g) beschleunigen. Es können pro Sekunde mehrere Positionen am Teil angefahren und gemessen werden. Die Messunsicherheiten sind mit denen von Standardgeräten vergleichbar.

Linearantriebe für hohe Messgeschwindigkeiten

Auch für Geräte mit besonders hohen Genauigkeitsanforderungen hat sich die Bauweise mit festem Portal und Luftlagerung bewährt. Durch die hervorragende Reproduzierbarkeit der Führungen können Abweichungen sehr gut rechnerisch korrigiert werden. Die resultierenden Messabweichungen sind sehr gering. Vergleichbare Genauigkeiten können alternativ mit Spezialanordnungen erreicht werden, die jedoch kleinere Messbereiche zulassen bzw. sehr hohe Kosten verursachen.

Genauestes Koordinatenmessgerät mit Multisensorik

Die Abbildung auf Seite 1 dieses Buches zeigt ein Beispiel eines solchen hochgenauen Messgeräts. Der dargestellte VideoCheck® UA ist das wohl derzeit genaueste Koordinatenmessgerät mit Multisensorik und verfügt über einen Messbereich von 400 mm × 400 mm × 250 mm. Um Schwingungen zu eliminieren, ist der Granitaufbau besonders stabil ausgeführt und in horizontaler und vertikaler Richtung in aktiven Schwingungsdämpfern gelagert. Als Wegmesssysteme werden temperaturstabile Glaskeramikmaßstäbe mit einer Auflösung kleiner 1 nm und eine hochauflösende Temperaturkompensation eingesetzt. Umwelteinflüsse wie Temperatur, Luftdruck und Luftfeuchte sind hierdurch geringer als bei alternativen Laserwegmesssystemen. Spezielle Luftlager mit geringer Eigenschwingung und spezielle konstruktive Maßnahmen zur Reduzierung der systeminternen Reibung dienen der Optimierung der Reproduzierbarkeit. Die Antriebe sind von den Messschlitten entkoppelt, um den Einfluss auf die Führungen zu minimieren. In Verbindung mit einer hochgenauen Software-Geometriekorrektur können Längenmessabweichungen von etwa 0,1 µm erzielt werden. Um diese Fähigkeit des Geräts auszunutzen, sind Sensoren mit entsprechend geringer Antastabweichung notwendig. Hierfür sind Bildverarbeitungssensoren, der Werth Fasertaster® und einige Abstandssensoren geeignet. Die Anwendungen liegen insbesondere bei Objekten mit Toleranzen im Bereich weniger Mikrometer. Diese ergeben sich in der Mikromechanik, in besonderen Fällen aber auch im Fahrzeug- und Werkzeugbau sowie im allgemeinen Maschinenbau. Da häufig auch an großen Werkstücken präzise Merkmale vorhanden sind, benötigt man oft relativ große Messbereiche. Diese lassen sich mit Portalgeräten gut realisieren.

Mikrostrukturen auch an großen Werkstücken

Koordinatenmessgeräte mit Drehachsen

Alle bisher beschriebenen Gerätebauweisen erlauben das Einbinden von Drehachsen oder Dreh-Schwenk-Achsen. So werden mehrere Ansichten der Werkstücke für die Sensorik zugänglich und die Messobjekte können rundum in einer Einspannung gemessen werden (Abb. 44). Die Lage und Bewegung dieser Achsen und der Werkstücke werden beim Messen vollständig berücksichtigt. Es ist deshalb möglich, Merkmale aus verschiedenen Dreh- bzw. Schwenkpositionen zu messen und die Ergebnisse dreidimensional miteinander zu verknüpfen.

Abb. 44: Dreh-Schwenk-Achse für das Messen von Stents

Die Drehachse kann sowohl in horizontaler als auch in vertikaler Orientierung eingebunden werden. Geräte mit horizontaler Drehachse erlauben eine Kranbeladung bei großen und schweren Werkstücken sowie einfache Handhabung kleiner rotationssymmetrischer Werkstücke. Für das Messen langer zylindrischer Werkstücke haben sich spezielle Koordinatenmessgeräte mit integrierter vertikaler Drehachse und horizontal bewegter Pinole bewährt. Diese Bauweise ermöglicht das vertikale Einspannen der Werkstücke. Vorteile sind die Vermeidung einer Durchbiegung des Messobjekts, die gute Zugänglichkeit, eine nur axiale Belastung beim Einspannen zwischen Spitzen und der geringe Flächenbedarf bei langen Teilen.

Vertikale Drehachse ist optimal

Der Drehtisch wird gemeinsam mit dem Werkstück vertikal positioniert (x-Richtung). Eine oder zwei Pinolen sind gemeinsam auf einem Führungstisch gelagert (y-Richtung) und werden mit der Sensorik in Richtung der horizontalen Pinolenachsen (z-Richtung) bewegt (s. Abb. 38f, S. 57).

Rundlaufabweichung vernachlässigbar

Geräte mit horizontaler Pinole können für Werkstattmessaufgaben mit mechanischer Lagerung (Abb. 45) oder – z. B. für die Messung von Präzisionswerkzeugen – mit Luftlagern ausgeführt werden (Abb. 46). Dies gilt ebenso für die Drehachsen. Mit einer Luftlagerung lassen sich Rundlaufabweichungen kleiner als 0,1 µm erreichen. Für präzise Teilungsmessungen wie an Wälzfräsern kann die Drehachse mit besonders genauen Winkelmesssystemen ausgestattet werden. Die Geräte sind auch mit

Abb. 45: ScopeCheck® V: Koordinatenmessgerät mit horizontaler Pinole, mechanisch gelagert – Messung einer Welle mit Verzahnung

Abb. 46: VideoCheck® V: Koordinatenmessgerät mit horizontaler Pinole und Luftlagerung. Hier: Messung des Profils eines Wälzfräsers »hinter der Schneide« mit dem Fasertaster

zwei Pinolen für Multisensoranwendungen verfügbar.

Zahnräder, Wellen und Werkzeuge

Diese spezielle Gerätebauweise wird für das Messen von Zahnrädern, Wellen und Schneidwerkzeugen eingesetzt. Das Spektrum der Wellenmessung reicht von Motor- und Getriebewellen bis zu Wellen für Luxusuhren. Die Messungen aller Durchmesser, Freistiche, Nuten und Lauftoleranzen können berührungslos mit dem Bildverarbeitungssensor erfolgen. Planlaufmessungen und Messungen an Bohrungen und Verzahnungen erfordern taktile Sensoren. Eine schnelle Komplettmessung in einer Aufspannung ist deshalb nur mit Multisensor-Koordinatenmessgeräten möglich. Bei der Werkzeugmessung liegt der Schwerpunkt im oft sehr genauen Messen der Schneidkanten oder im Scannen der Wirkkontur (s. *Messen während der Bewegung*, S. 95 f.) bezogen auf den Werkzeugschaft mit einem Bildverarbeitungssensor.

Werkstücktaumel wird korrigiert

Letzteres wird bei Verwendung von Drehachsen durch Einmessen der Werkstückachse und Taumelkorrektur oder durch das Drehen des Werkzeugs in einer Drehvorrichtung mit V-förmiger Nut realisiert. Die Messung der Frei- und Spanflächen oder der Spitzengeometrie wird mit Tastern (Fasertaster für Mikrowerkzeuge) oder optischen Abstandssensoren (Lasersensor, chromatische Fokussensoren) durchgeführt. Für verschiedene Werkzeugabmessungen müssen möglichst schnell Messergebnisse vorliegen. Hierzu dienen Parameterprogramme, d.h. allgemeine Programmabläufe für jeweils eine ganze Werkzeugklasse wie z.B. Stufenbohrer, Spiralbohrer, Gewindebohrer und Wälzfräser. Im Programm für Wälzfräser ist z.B. der Messablauf für einen allgemeinen Wälzfräser entsprechend der Norm DIN 3968 hinterlegt. Die Konturen von Schleifscheiben, Abrichtrollen und Formfräsern werden nach dem Wirkkontur-Scanning mit CAD-Daten verglichen. Über die Qualitätsprüfung hinaus werden dabei auch Korrekturdaten für den Schleifprozess des Werkzeugs gewonnen.

Erfassen der Wirkkontur

In der Werkzeugmesstechnik wird zwischen der Werkzeugvoreinstellung und der Werkzeugmessung unterschieden. Das Voreinstellen dient zum Ausrichten des Werkzeugs in der Bearbeitungsmaschine. Da Abweichungen von einigen Hundertstelmillimetern meist akzeptabel sind, verfügen Werkzeugvoreinstellgeräte über eine geringere Messgenauigkeit und können so sehr kostengünstig hergestellt werden. Ihre Bauweise unterscheidet sich von Werkzeug-Messgeräten u. a. durch die Verwendung temperaturempfindlicher Werkstoffe anstelle von Hartgestein. Der Werkzeughersteller und auch die Wareneingangskontrolle des Anwenders müssen hingegen sicherstellen, dass die Werkzeuge den geometrischen Anforderungen entsprechen. Auch um für den Herstellungsprozess der Werkzeuge Korrekturwerte zu generieren, sind beim Erfassen der Werkzeugmaße Genauigkeiten im untersten Mikrometerbereich, teilweise sogar im Submikrometer-

Werkzeugvoreinstellgeräte

Werkzeugmessgeräte sind genauer

bereich erforderlich. Für diese präzise Werkzeugmessung reicht die Genauigkeit von Werkzeug-Voreinstellgeräten nicht aus.

Koordinatenmessgeräte für zweidimensionale Messungen

Werkstücke mit zweidimensionalen Merkmalen wie Profilschnitte, Stanzbiegeteile und Leiterplatten lassen sich in der Regel mit einem Bildverarbeitungssensor messen. Sind die Messobjekte nicht zu groß oder die Genauigkeitsanforderungen im Verhältnis zum Messbereich nicht zu hoch, können solche Teile komplett »im Bild« gemessen werden. Spezielle Geräte hierfür sind teilweise mobil, sodass nach Bedarf zwischen verschiedenen Einsatzorten im Unternehmen gewechselt werden kann. Es werden telezentrische Objektive und hochauflösende Kameras (bis 16 Megapixel, Stand 2019) eingesetzt. Dabei sind Messbereiche von wenigen Millimetern bis zu ca. 250 mm mit Längenmessabweichungen bis hinab zu einigen 0,1 µm erzielbar (Werth-QuickInspect-Baureihe). Werden bei größeren Messbereichen höhere Anforderungen an die Genauigkeit gestellt, ist es wirtschaftlicher, Objektive mit hoher Vergrößerung und kleinerem Bildfeld einzusetzen. Die auf dem Messtisch platzierten Werkstücke können automatisch ausgerichtet und unter Einsatz mechanischer Achsen durch »Rasterscanning HD« erfasst werden. Für Messobjekte verschiedener Dicke sind solche Geräte mit einer Fokusfunktion der Messsoftware oder einer CNC-gesteuerten Positionierachse ausgestattet.

Schnelle Messung ohne Bewegung

Rasterscanning HD: große Objekte »im Bild« messen

Sind große Messbereiche bis über 600 mm gefordert, können prinzipiell auch die beschriebenen 3D-Messgeräte für 2D-Messungen mit »Rasterscanning HD« verwendet werden. Die dritte Messachse ist wegen der variierenden Werkstückdicken zumindest zum Fokussieren

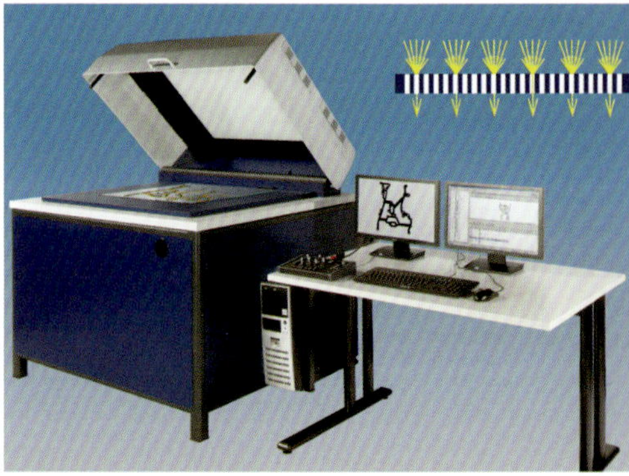

Abb. 47: FlatScope® 650: Gerät zur Messung von flachen Teilen oder Profilabschnitten – bei der Flat-Light-Beleuchtung wird diffuses Licht eines Flächenstrahlers mit einer Lochblendenanordnung gerichtet (oben rechts).

erforderlich. Diese Lösung ist aber nicht benutzerfreundlich und relativ teuer. Durch Anordnung der Bildverarbeitungssensorik unter der Glasplatte für die Auflage der Messobjekte liegt die Messebene dagegen immer in gleicher Höhe und die genannten Nachteile werden vermieden. In Verbindung mit dem Einsatz telezentrischer Objektive kann auf das Fokussieren vollständig verzichtet werden. Die Führungen sind auf einem steifen Rahmen in etwa einer Ebene angeordnet. Die flächenhafte Durchlichteinrichtung lässt sich über dem Messobjekt aufklappen. Durch die Flat-Light-Bauweise (s. *Bildverarbeitungssensoren*, S. 13 ff.) wird die Apertur der Beleuchtung an das Abbildungssystem angepasst, um geringe Messabweichungen zu ermöglichen. Abbildung 47 zeigt ein solches Messgerät. Der gesamte Aufbau ist zum Schutz vor Umwelteinflüssen fertigungsgerecht gekapselt und optional schwingungsisoliert.

Messen ohne Fokussieren

Eine typische Anwendung der 2D-Geräte ist die Messung von Profilschnitten aus Kunststoff, Gummi oder Aluminium. Hier beträgt die Herstellzeit für eine Charge meist nur wenige Stunden. Da in dieser Zeit große Mengen produziert werden, ist es erforderlich, die

Schnelles Messen nahe am Fertigungsprozess

Qualität möglichst schnell nach dem Anpressen zu überprüfen. Die geringe Messzeit der hier beschriebenen 2D-Messgeräte kommt dieser Forderung entgegen (ca. 1 s bei »Im Bild«-Messung mit QuickInspect, einige 10 s bei FlatScope® mit »Rasterscanning HD«). Wegen der Fertigungsprozessnähe kommt langwieriges manuelles Programmieren während der laufenden Fertigung nicht in Frage. Wenige Maße können einfach interaktiv gemessen werden.

Messprogramme vorab erstellen

Bei Messung vieler Merkmale muss das Programm vorab anhand der CAD-Daten erstellt werden. Mit der Werth CAD-Offline®-Softwarefunktion können die Prüfpläne schon während der Konstruktion vorab erstellt werden (s. *Messen mit CAD-Daten*, S. 85 ff.). Hilfestellung beim fertigungsnahen Einsatz bieten eine einfache Bedienerführung sowie die grafische Ausgabe des Prüfprotokolls als Zeichnung mit allen Maßen. Andere Anwendungsfelder von 2D-Geräten sind z. B. Kabelschnitte, Uhrenteile, Stanzteile und Dichtungen.

Koordinatenmessgeräte mit Röntgentomografie-Sensor

Eine solide Granitkonstruktion bildet die Basis des Geräteaufbaus. Wegen des Prinzips der Tomografie ist immer eine sehr präzise luftgelagerte Drehachse integriert. Die Systemkomponenten wie Maßstäbe, Linearachsen, Antriebe und die Drehachse entstammen den oben beschriebenen herkömmlichen Koordinatenmessgerätefamilien. Mit diesem Aufbau können auch bei der Tomografie alle eingemessenen Parameter wie Vergrößerung, Drehachsenlage und Geometriekorrekturen langzeitstabil genutzt werden.

Drehachse: die Kernkomponente

In Abbildung 48a ist ein prinzipieller Geräteaufbau dargestellt, der von den oben beschriebenen Geräten mit horizontaler Pinole

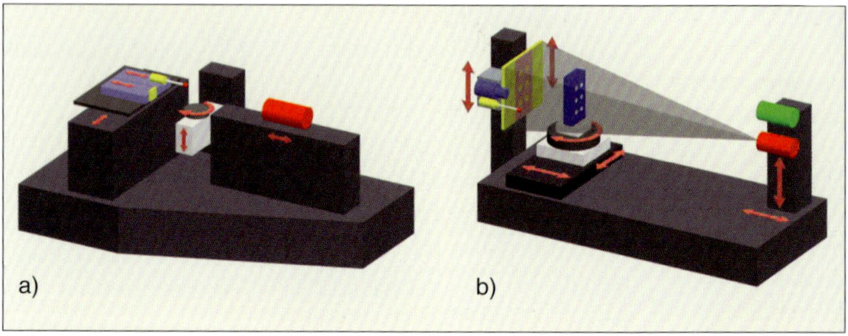

Abb. 48: Bauweisen von Koordinatenmessgeräten mit Röntgentomografie:
a) Bauweise mit vertikal verschiebbarem Drehtisch
b) Bauweise mit vertikal verstellbarer Sensorik

abgeleitet ist. Die linearen Achsen können abhängig von den Genauigkeitsanforderungen mechanisch oder luftgelagert sein. Sie dienen zum Einstellen der Vergrößerung der Röntgensensorik, zum Rastern beim Tomografieren und bei Multisensorgeräten auch zum Messen mit taktilen und optischen Sensoren. Für die letztgenannte Aufgabe können die verschiedenen schon beschriebenen Sensoren mit den zugehörigen Wechseleinrichtungen eingesetzt werden. Um einen kollisionsfreien Betrieb sicherzustellen, sind die Röntgensensorik und die anderen Sensoren auf jeweils separaten Pinolen angeordnet.

Flexibilität durch viele bewegte Achsen

In Abbildung 48b ist eine alternative Bauweise für größere Messobjekte dargestellt. Hier wird die vertikale Relativbewegung zwischen Sensorik und Drehtisch bzw. Messobjekt, z. B. für das Rastern, durch das Bewegen von Röntgenröhre und -detektor realisiert. Das Rastern senkrecht zur Drehachse erfolgt durch Verschieben des Drehtisches mit dem Objekt, das Einstellen der Vergrößerung durch Verschieben des Drehtisches entlang der Strahlrichtung. Durch separates vertikales Verstellen werden Röntgenröhren gewechselt und verschiedene Strahleigenschaften automatisch gewählt. Durch horizontales Verschieben der Röntgenröhren wird der Kegelwinkel eingestellt. Die taktilen und/oder opti-

Abb. 49: TomoScope® HV 800 für das Messen großer Teile mit 450 kV Röhrenspannung mit zusätzlicher taktiler Messachse z. B. zum Einmessen des Werkstücks

schen Sensoren werden durch Zusammenspiel der vertikalen Sensorachse mit den Achsen des Tisches eingesetzt. Mit dem Werth TomoScope® (s. Abb. 36, S. 52) wurde dieses Prinzip weltweit erstmals als CT-Koordinatenmessgerät realisiert. Die mechanischen Komponenten und somit auch die Gerätegenauigkeit entsprechen denen der ScopeCheck®-Geräte (s. *Koordinatenmessgeräte mit Drehachsen*, S. 67 ff.). Durch Auswahl der entsprechenden Röntgenkomponenten (Spannungsbereich, Typ der Röntgenröhre und des Sensors) kann das Gerät für verschiedene Werkstückmaterialien optimal konfiguriert werden. Niedrige Röhrenspannungen sind z. B. für das Messen von leicht durchstrahlbaren Kunststoffteilen sinnvoll, hohe Röhrenspannungen für das Messen von schwerer durchstrahlbaren Metallteilen. Abbildung 49 zeigt ein Gerät für große Bauteile bis 1000 mm Länge und 500 mm Durchmesser. Mit luftgelagerten Geräten können auch bei der Tomografie höhere Genauigkeiten erzielt werden (z. B. Werth TomoCheck®).

Luftlagerung für höhere Genauigkeiten

Koordinatenmessgeräte für spezielle Anwendungen

Spezialgeräte aus Serienkomponenten

Die bisher vorgestellten Geräteklassen werden in Serie gefertigt. Aus diesem Programm werden Gerätekonfigurationen für spezielle Aufgabenstellungen abgeleitet. Unter Verwendung von Serienkomponenten entstehen Spezialgeräte (Abb. 50), die sich für besondere Anforderungen eignen, wie z. B. zum schnellen Messen von Wälzfräsern, zum Messen von Kugelumlaufspindeln mit einer Länge von über 6 m oder zum Messen von Kraftwerksturbinenschaufeln.

Abb. 50: Sondermessgerät für lange Messobjekte

Gerätesoftware

Moderne Multisensor-Koordinatenmessgeräte decken ein breites Spektrum unterschiedlich komplexer Aufgabenstellungen ab. Die Qualifikation der Gerätebediener reicht vom wenig geschulten Mitarbeiter, der nur gelegentlich einige Maße ermittelt, bis zum Spezialisten, der, alle technischen Möglichkeiten ausnutzend, auch sehr schwierige Messaufgaben bearbeitet. Die sehr unterschiedlichen Arbeitsweisen werden durch die Struktur der Software für die Gerätebedienung (WinWerth®) optimal unterstützt. So existieren z. B. mehrere Zugangsebenen, die auf die verschiedenen Qualifikationsniveaus der Bediener abgestimmt sind. Schnittstellen zu CAD-Systemen für den Solldatenimport und zu CAQ-Systemen für die statistische Auswertung ermöglichen die angepasste Einbindung der Koordinatenmessgeräte in Softwarestrukturen von Unternehmen.

Modulare Struktur

Um den unterschiedlichsten Anforderungen gerecht zu werden, verfügt die Software über einen modularen Aufbau. Hierdurch können mit einer einheitlichen Software verschiedene Geräte vom einfachen Messprojektor bis zum komplexen mehrachsigen Koordinatenmessgerät mit Multisensorik oder auch mit Röntgentomografie-Sensorik betrieben werden.

Einheitliche Software für alle Geräte

Über die Bedienoberfläche der Messsoftware werden die verschiedenen Softwaremodule, z. B. zur Steuerung der mechanischen Achsen, zum Scannen bei messenden Sensoren, zur Auswertung mit Bildverarbeitung oder zur Rekonstruktion von 3D-Volumina aus Durchstrahlungsbildern beim Tomografieren, in allen Betriebsarten bedient und die Abläufe koordiniert. Spezialfunktionen für standardisierte Werkstücke wie Zahnräder, Gewindebohrer oder Wälzfräser und Module zu Konturaus-

Einfache Bedienung durch angepasste Konfiguration

wertung oder Rauheitsmessung ergänzen den Funktionsumfang zum Messen von Standardgeometrien. Je nach Einsatzfall werden die gewünschten Softwaremodule und Konfigurationen der Bedienoberfläche passwortgesteuert freigeschaltet. Jedem Anwender können genau die Funktionen und Werkzeuge zur Verfügung gestellt werden, die er beherrscht und benötigt. Dies trägt zu einer möglichst einfachen Gerätebedienung bei.

Grafisch-interaktives Messen

Die Software »denkt« für den Bediener

In der industriellen Praxis sollen oft »mal schnell« einige wenige Maße an Fertigungsteilen bestimmt werden. Diese Aufgabe wird auch von Mitarbeitern ausgeführt, die sich nicht ständig mit der Bedienung von Koordinatenmessgeräten befassen. Um in diesem Umfeld ein effektives Arbeiten zu ermöglichen, wird die Bedienung auf das Notwendigste beschränkt. Die »Intelligenz« der Software übernimmt dann z.B. die exakte Bestimmung des zu erfassenden Objektbereichs, die Auswahl des zu messenden Geometrieelements (z.B. Gerade, Kreis, Eckpunkt) sowie der Verknüpfungsalgorithmen zum Ermitteln von Merkmalen wie Distanzen, Winkel und Durchmesser (Softwarewerkzeug »Autoelement«, Abb. 51).
Um z.B. mit der Bildverarbeitung einen Winkel oder Abstand zwischen zwei Kanten zu bestimmen, positioniert der Bediener das Sehfeld des Sensors lediglich nacheinander grob auf die beiden betreffenden Kanten und löst mit einer universellen Taste (»Messen«) den automatischen Messvorgang aus. Dieser setzt die Bildverarbeitungsfenster (Größe und Lage), erkennt die zu messenden Geometrieelemente und wählt die zur Verarbeitung notwendigen Algorithmen aus. Im Ergebnis erscheinen die beiden Kanten als Geraden. Anschließend er-

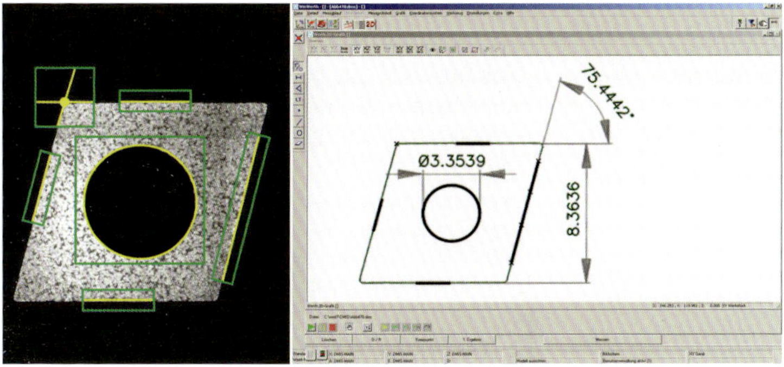

Abb. 51: Beispiel für das einfache interaktive Messen: Zu messende Elemente werden im Bild automatisch erkannt und gemessen (links). Die Auswahl der Verknüpfungsstrategie erfolgt ebenfalls automatisch (rechts).

folgt ebenfalls automatisch das Erkennen und Berechnen des Merkmals (Winkel oder Abstand), je nach Relativlage der Geraden. Weitere ähnliche Funktionen erlauben das Messen von Abständen, Kurvenradien, Kreisformen und Eckpunkten.

In ähnlicher Weise können mit anderen Sensoren einfache Messaufgaben gelöst werden. Beim Messen mit Tastern oder Abstandssensoren werden mit wenigen Punkten Geometrieelemente grob bestimmt und weitere Punkte auf der Oberfläche automatisch verteilt, gemessen und zu Geometrieelementen verknüpft. Mit Röntgentomografie- oder anderen Sensoren erfasste Punktewolken können durch automatisches Erkennen der Grenzen und Art der Geometrieelemente mit einfachem Anklicken verknüpft und ausgewertet werden.

Grafik vereinfacht das Messen

Bei komplizierteren Messaufgaben reicht die oben beschriebene Vorgehensweise nicht mehr aus. Der Bediener kann deshalb Teile der eigentlich automatisch ablaufenden Vorgänge (Fenster setzen, Element auswählen) selbst übernehmen und sich schrittweise in die detailliertere Steuerung der Messabläufe einarbeiten. Zur Unterstützung werden unter Berücksichtigung der notwendigen Umfahrwege automatisch Messpunkte oder Scanspuren auf den zu messenden Geometrieelementen verteilt. Auf diese Weise vorgegebene Messabläufe können gespeichert und im Wiederholungsfall als automatischer Ablauf aufgerufen werden.

Programmieren komplexer Messabläufe

Auch einmalige Messungen automatisieren

Komplexe Messabläufe sollten grundsätzlich so erstellt werden, dass sie beliebig oft automatisch in gleicher Weise wiederholt werden können. Auch bei der einmaligen Messung eines Musterteils ist es sinnvoll, durch Wiederholungsmessungen zumindest die Reproduzierbarkeit der Messung zu überprüfen (s. *Messprozesseignung*, S. 124 ff.).

Die Programmierung der Messabläufe wird durch entsprechende Werkzeuge der Messsoftware WinWerth® unterstützt. Die Sensoren werden auf der Bedienoberfläche des Multisensor-Koordinatenmessgeräts direkt angewählt.

Anwendergerechte Darstellung des Prüfplans

Ein »Merkmalsbaum« stellt den Prüfplan und damit den Aufbau des Messprogramms in einer baumartigen Struktur dar (Abb. 52). Hierin werden die Zusammenhänge zwischen Merkmalen, Geometrieelementen und Technologieparametern wie z. B. Sensorart, Beleuchtungseinstellung, Scangeschwindigkeit, Auswertealgorithmus und gültige Ausrichtung sichtbar. Parallel zum Merkmalsbaum werden die geometrischen Elemente und die Merkmale mit den zugehörigen Messergebnissen auch in der grafischen Darstellung des Messablaufs und im numerischen Messprotokoll angezeigt. Verknüpfungsoperationen zu Geometrieelementen (Schnittpunkt, Schnittgerade) oder Merkmalen (Abstand, Rechtwinkligkeit) können entweder im Merkmalsbaum oder in der grafischen Ansicht programmiert werden. Über den Merkmalsbaum wird auch der Test- und Änderungs-

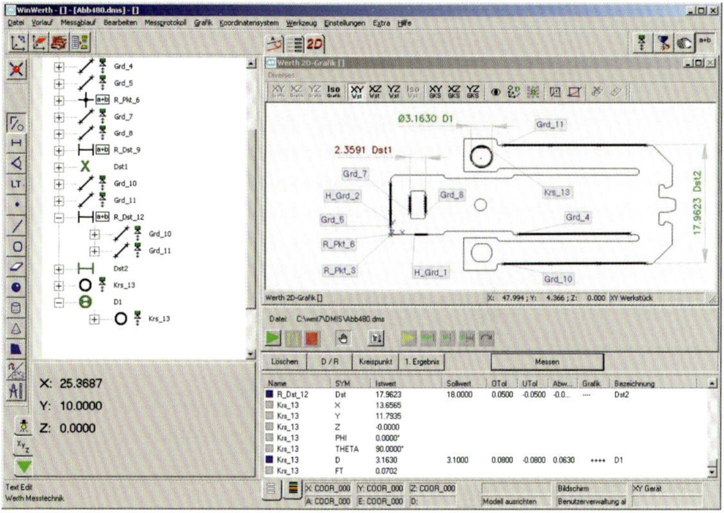

Abb. 52: Merkmalsbaum zum übersichtlichen Erstellen und Modifizieren von komplexeren Programmen

modus gesteuert, in dem sich Programme schrittweise abarbeiten lassen und Änderungen ergänzt werden können. Durch Markieren mit der Maus kann ein Programmteil als Schleife für wiederholte Abarbeitung definiert oder als Unterprogramm ausgelagert werden. Mit Hilfe des merkmalsorientierten Messens lassen sich ausgewählte funktionsrelevante Prüfmaße bestimmen.

Vergleichen zu CAD-Daten

Freiformflächen prüfen

Um die Abweichung der Werkstückgeometrie gegenüber den Sollwerten zu veranschaulichen, ist ein Vergleich zu den CAD-Daten z. B. mit einer farbkodierten Darstellung der Abweichungen geeignet. Zwingend erforderlich ist dieses Verfahren zur Prüfung von Freiformflächen. Moderne Fertigungsverfahren gestatten freies Gestalten ohne Beschränkung auf regelmäßige Formen. Dementsprechend können solche Konturen oder Flächen in einer numerischen Auswertung nicht durch regelmäßige geometrische Elemente wie Zylinder, Ebenen, Geraden, Kugeln und Kreise beschrieben werden. Auch die herkömmliche Berechnung von Maßen ist nicht möglich.

CAD-Daten sind die Sollwerte

Freiformen werden nur durch ein CAD-Modell beschrieben. Mit der farbkodierten Darstellung lassen sich auch die Form- und Lageabweichungen von Regelgeometrien gut darstellen.

Zum Messen werden die interessierenden Bereiche des Objekts gescannt oder als Punktewolke erfasst. Anschließend vergleichen Messsoftwaremodule die gemessenen Werte mit dem CAD-Modell. Das Ergebnis wird jeweils durch vektorielle oder farbkodierte Darstellung der Abweichungen vom CAD-Modell dokumentiert (Abb. 53). Diese Auswertung kann als Bestandteil des Messablaufs am Gerät oder im Offline-Modus an einem separaten Auswerteplatz erfolgen. Die Farben der Messpunkte verdeutlichen die Abweichung zwischen Soll und Ist. Zur Einbeziehung der

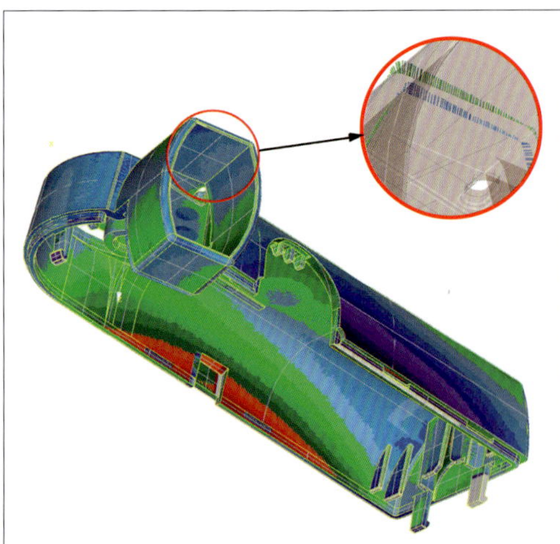

Abb. 53: Farbkodierte Darstellung der Abweichungen vom CAD-Modell – alternativ können die Abweichungen auch als »Stacheln« dargestellt werden.

Teiletoleranzen in die Darstellung erfolgt eine Unterteilung in vier Basisklassen:

- positiv innerhalb Toleranz
- negativ innerhalb Toleranz
- positiv außerhalb Toleranz
- negativ außerhalb Toleranz.

Farben zeigen die Abweichungen

Der Betrag der Abweichung wird über die Farbe kodiert dargestellt. Je nach Aufgabenstellung erfolgt die Berechnung bzw. Darstellung der Messergebnisse entweder in einem Bezugskoordinatensystem, das vorher eingemessen wurde (z. B. Fahrzeugkoordinaten im Automobilbau), oder in einem Koordinatensystem, das durch optimale Einpassung ausgewählter Flächenbereiche relativ zum CAD-Modell erzeugt wurde (z. B. BestFit, s. *Geräte- und Werkstückkoordinaten*, S. 91 ff.).

BestFit und …

Am Beispiel eines 2D-Schnitts lassen sich die beiden Einpassstrategien Bestfit und ToleranceFit® gut veranschaulichen. Im ersten Fall wird die Lage der gemessenen Punkte durch Minimieren der Abstände zu den Sollpunkten optimiert. Da unterschiedliche Toleranzen verschiedener Objektbereiche nicht berücksichtigt werden, stellt man unter Umständen Toleranzüberschreitungen fest, obwohl die Toleranz durch Verschieben des Koordinatensystems eingehalten werden könnte. Für die Qualitätskontrolle eignet sich dieses Verfahren deshalb nur bedingt. Das Optimierungskriterium des zweiten Verfahrens (Werth ToleranceFit®) ist, den Abstand zwischen Messpunkt und Toleranzgrenze möglichst groß bzw., falls der Messpunkt außerhalb der Toleranzgrenze liegt, die Toleranzüberschreitung möglichst klein zu halten. Abbildung 54 zeigt, dass das nach dem BestFit-Verfahren als fehlerhaft erkannte (rote Bereiche vorhanden), tatsächlich aber nicht fehlerhafte Objekt, nach dem ToleranceFit®-Verfahren als funktionsfähig eingestuft werden

… ToleranceFit®

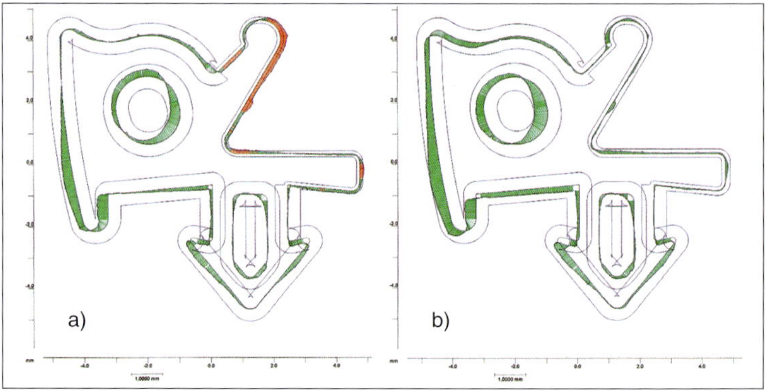

Abb. 54: Ergebnisvergleich der Einpassverfahren Werth BestFit (a) und Werth ToleranceFit® (b) am selben Messobjekt

kann. Die Kontur wird wie mit einer Lehre überprüft. Voraussetzung ist das Umsetzen der von Konstruktionsbüros üblicherweise angegebenen Zahlenwerte für die Form- und Maßtoleranz in ein konturbezogenes Toleranzzonensystem (Abb. 54), das dem Fertigungsprozess besser angepasst ist. Die Festlegung der Toleranzstrukturen insbesondere hinsichtlich der Bezugssysteme sollte möglichst von vornherein zwischen dem Hersteller und dem Abnehmer abgestimmt werden. Der Hauptvorteil dieses Prüfverfahrens liegt im funktionsgerechten Messen. Die Ausgabe erfolgt übersichtlich und anschaulich in grafischer Form, sodass auch nicht speziell geschulte Bediener damit arbeiten können.

Verfahrenskorrektur mit Messdaten

Um die gemessenen bzw. berechneten Abweichungen in den Fertigungsprozess einfließen zu lassen, können die Vorgabedaten mit WinWerth® FormCorrect modifiziert werden. Hierfür werden die Abweichungen zwischen dem ursprünglichen CAD-Modell und den Messdaten eines Musterwerkstücks ermittelt und am Modell gespiegelt. Daraus generiert die Messsoftware ein korrigiertes CAD-Modell, mit dem systematische Fertigungsabweichungen des Kunststoffspritzgussprozesses [8] und des

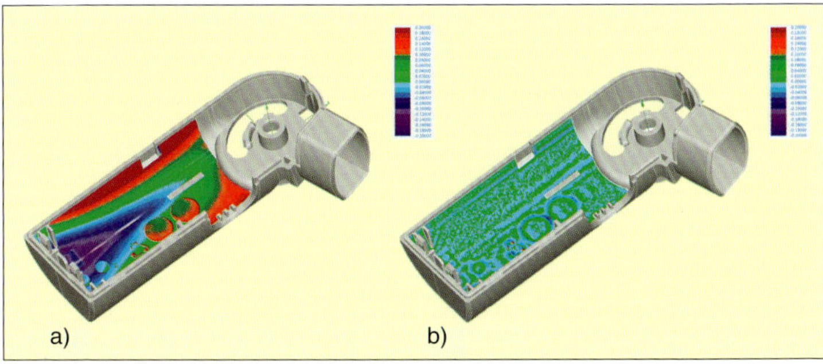

Abb. 55: Korrektur eines Spritzgusswerkzeugs: a) Ausgangszustand b) optimiertes Werkstück nach Korrektur des Werkzeugs

3D-Drucks kompensiert werden können. Für hochauflösende Korrekturen und zur Modifikation auch innenliegender Flächen empfiehlt sich der Einsatz von Koordinatenmessgeräten mit Röntgentomografie-Sensor (Abb. 55). Ein ähnliches Vorgehen ist mit der 2D-BestFit-Software möglich. Die Werkzeugkorrektur kann sowohl beim Einfahren neuer Schneidwerkzeuge (Profilschleifen, Formfräsen) als auch beim Drahterodieren zur Korrektur von Positionierabweichungen eingesetzt werden.

Messen mit CAD-Daten

CAD-Daten ersetzen den Joystick

Ein weiterer Vorteil der in die Messsoftware integrierten CAD-Module ist, dass sich die CAD-Information zum Positionieren des Koordinatenmessgeräts nutzen lässt. Der gesamte Messablauf kann durch Anwählen der geometrischen Merkmale am CAD-Modell gesteuert werden. Das Messgerät fährt automatisch die generierten Messpositionen an und misst mit der gewählten Sensorik. Diese Betriebsart wird als CAD-Online®-Modus bezeichnet. Auf diese Weise können z. B. mit Tastern automatisch Messpunkte als Punktewolken erfasst oder größere Flächen mit dem Werth 3D-Patch oder konfokalen Sensoren durch automatisches Aneinandersetzen der Einzelmessungen in hoher Auflösung gemessen werden. Technologieparameter wie die Beleuchtungseinstellung für den Bildverarbeitungssensor können durch direkte Bedienung am Messgerät unter Berücksichtigung der Wechselwirkung zwischen Beleuchtung, Messobjekt und Abbildungssystem eingestellt werden. Durch automatische Modifikation der Bewegungsabläufe auf der Grundlage der Werkstück- und Geräte- bzw. Sensorgeometrie werden Kollisionen vermieden.

Das Messprogramm entsteht vor dem Teil

Die gleiche Software kann auch ohne das Messgerät auf einer CAD-Offline®-Arbeitsstation betrieben werden. Hier werden die Prüfprogramme nur am CAD-Modell erstellt und getestet. Abbildung 56 zeigt ein 3D-CAD-Modell eines Werkstücks und die Gerätesimulation zur Offline-Programmierung. Die Kollisionsbetrachtung erfolgt im Hintergrund. Mit CAD-Offline® wird teure Maschinenzeit eingespart. Die Prüfpläne sind bereits fertiggestellt, wenn das erste Werkstück bzw. Messobjekt gefertigt ist. Messobjektbezogene Einflussfaktoren können dann in einem Testlauf im Einzelschrittbetrieb nachbearbeitet werden. Online und offline kann mit einem durchgängigen Bedienkonzept gearbeitet werden, der Messgerätehersteller sorgt für die »Richtigkeit« der Messergebnisse. Bei vom Hersteller unabhängigen Programmierarbeitsplätzen ist dies nicht der Fall.

Messen mit PMI-Unterstützung

Viele CAD-Systeme bieten mittlerweile die Möglichkeit, PMI-Daten (Product and Manufacturing Information) zu integrieren. Die hieraus resultierenden CAD-Datensätze enthalten zusätzlich zur Geometriebeschreibung der CAD-Elemente auch die vom Konstrukteur festgelegten Bemaßungen. Bei Auswahl der geometrischen Eigenschaften werden Messpunkte oder Scanspuren auf allen Geometrieelementen verteilt, die zur Lösungsfindung zu verknüpfen sind, und der Messablauf zumindest

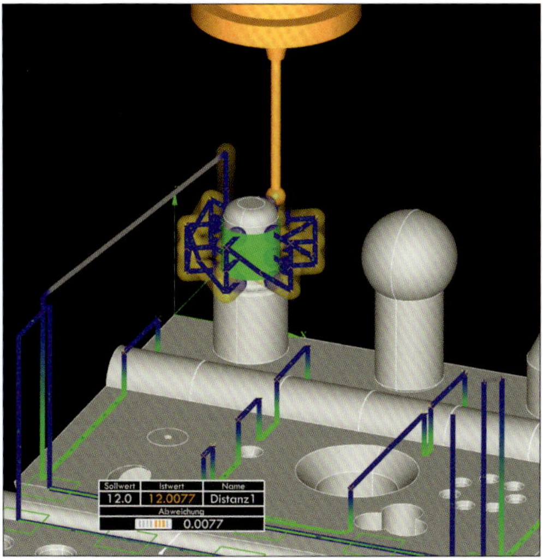

Abb. 56: CAD-gestützte Programmierung mit Sensorsimulation: Bildverarbeitungsfenster werden als grüne Quadrate, Scanspuren des Laserabstandssensors als grüne Linien mit blauen Richtungspfeilen, Mess- und Freifahrpositionen des Tastsystems als gelbe Kreuze und Umfahrwege als blaue Linien dargestellt, ggf. mit gelber Tastkugelsimulation.

teilweise automatisch erstellt. Aufgrund der erhöhten Anforderungen bei der Erstellung des CAD-Modells ist diese Lösung noch wenig verbreitet (Stand 2019).

Automatikmodus

Unabhängig von der Art der Programmerstellung kann der Messablauf vom Messgerät automatisch oder halbautomatisch (bei manuell betriebenen Geräten) abgearbeitet werden. Das Gerät kann hierdurch auch von Anwendern genutzt werden, die den Prüfvorgang nicht im Detail kennen. Die Bedienung ist auf das Einlegen der Teile, das Bestimmen ihrer Lage durch Messen eines Koordinatensystems am Werkstück (Vorlauf) und den Programmstart reduziert. Der Vorlauf kann durch Verwendung von Aufnahmevorrichtungen automatisiert werden oder sogar entfallen. Solche Vorrichtungen können auch mehrere Werkstücke gleichzeitig aufnehmen (Paletten). Dadurch lassen sich die Rüstzeiten verringern. Die Software wiederholt dann automatisch den Messablauf an den verschiedenen Orten der Palette. Auch eine automatische Bestückung durch Zuführeinrichtungen ist integrierbar.

Strichcode wählt das Mess-programm

Für in der Messgerätebedienung ungeschulte Anwender bietet die Software die Möglichkeit, lediglich die Teilenummer auszuwählen und mit ihr einen automatischen Programmablauf zu starten. Dies kann alternativ durch Scannen eines Strichcodes auf dem Fertigungsauftrag erfolgen. Eine automatische Störungsbehandlung hilft z. B. bei nicht sachgerechtem Einlegen der Teile.

Messtechnische Besonderheiten

Zusammenhänge erkennen

Das Zusammenwirken von Sensoren, Mechanik, Elektronik und Software beeinflusst die Qualität der erzielten Messergebnisse. Für die optimale Anwendung von Multisensor-Koordinatenmessgeräten ist es sinnvoll, einige für die Funktion wichtige Zusammenhänge zu kennen.

Sensoren und Geräteachsen

Einige Sensoren (z. B. alle Taster) arbeiten nur punktweise. Diese Punktsensoren sind entweder schaltend oder messend ausgeführt. Wie schon in Abschnitt Sensoren (s. S. 8 ff.) erläutert, liefern *schaltende Punktsensoren* beim Aufnehmen eines Messpunkts lediglich ein Triggersignal. Dieses bewirkt, dass die Wegmesssysteme der Koordinatenachsen ausgelesen und daraus die Punktkoordinaten auf der Oberfläche des Messobjekts ermittelt werden. Hierzu ist eine Bewegung in den Achsen zwingend erforderlich (dynamisches Messprinzip). Diese Sensoren können ein-, zwei- oder dreidimensional arbeiten (Abb. 57).

Schaltende und …

Messende Punktsensoren verfügen intern über einen eigenen Messbereich (s. Abb. 3, S. 8) in ein, zwei oder drei Dimensionen. Dessen Größe kann mehrere Millimeter betragen. Der Messwert ist als Abstand des gemessenen Punkts der jeweiligen Achse zum internen Sensornullpunkt definiert. Die Bestimmung eines Objektpunkts erfolgt durch Überlagerung der Messwerte des Sensors und der ausgelesenen Koordinaten der Sensorposition im Messgerät. Voraussetzung ist, dass sich der Objektpunkt im Messbereich des Sensors be-

… messende Sensoren

	Punkt	Linie	Fläche	Volumen
1D z	Kontursensor WCP Foucault-Lasersensor WLP Chromatischer Fokus-Punktsensor CFP 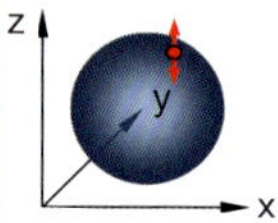	Chromatischer Fokus-Liniensensor CFL (Abstandsmodus) Laserliniensensor LLP 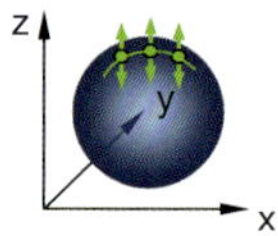		
2D x/y	Fasertaster WFP® Tastauge 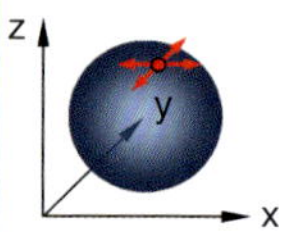	Bildverarbeitungssensor Chromatischer Fokus-Liniensensor CFL (Intensitätsmodus) 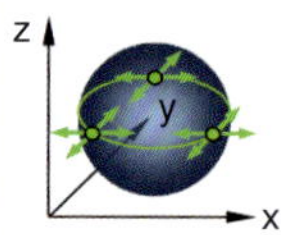		
3D x/y/z	Schaltender Taster TP Messender Taster SP Fasertaster WFP® 3D Röntgentomografie-Sensor 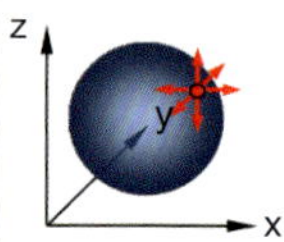	Röntgentomografie-Sensor 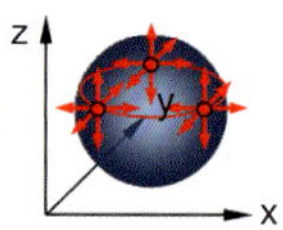	Röntgentomografie-Sensor Konfokalsensor NFP 3D-Patch Fotogrammetrie 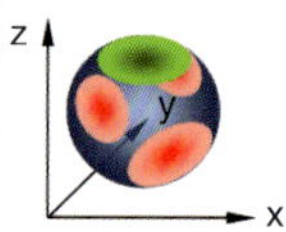	Röntgentomografie-Sensor 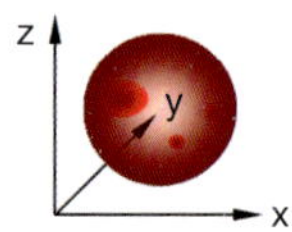
	Sensorprinzip: taktil, optisch, röntgentomografisch			

findet. Das Bestimmen eines Punkts ist somit auch möglich, wenn das Koordinatenmessgerät stillsteht (statisches Messprinzip). Die zur Bestimmung von Merkmalen notwendige Messung mehrerer Punkte erfordert jedoch auch hier eine Bewegung der Geräteachsen.

1, 2 oder 3 Sensorachsen

Bei Punktsensoren mit zwei oder nur einer schaltenden bzw. messenden Achse werden zur Antastung die durch den Sensor nicht erfassten Koordinaten durch Reduzierung der

Freiheitsgrade blockiert. Dies erfolgt z. B. beim Fasertaster 2D (s. S. 46 ff.) in Schaftrichtung, um in der hierdurch definierten Position in der senkrecht zum Schaft liegenden Ebene zu messen. Beim Konturtaster (s. S. 51 f.) ist dies umgekehrt, die Bewegung in der Ebene ist blockiert, der Sensor misst entlang seiner Führungsachse. Die blockierten Koordinaten ergeben sich aus der vorher eingemessenen Position des Sensorantastpunkts. Dieses Prinzip schränkt die Anwendbarkeit bei dreidimensionalen Objekten ein, da in den blockierten Richtungen nicht angetastet werden kann.

Abb. 57 (gegenüber): Sensordimensionalität: Sensoren können in 1, 2 oder 3 Richtungen Messsignale liefern. Sie können Punkte, Linien, Flächen oder Volumen erfassen. Es ergeben sich verschiedene Kombinationen, von denen die wesentlichen hier dargestellt sind.

Messen »im Bild«

Andere Sensorprinzipien (z. B. Bildverarbeitung und Röntgentomografie) erlauben das Messen mehrerer Punkte in einem eigenen zwei- oder dreidimensionalen Messbereich praktisch gleichzeitig, ohne den Sensor in den Geräteachsen zu bewegen. Diese Sensoren können deshalb als Linien-, Flächen- oder Volumensensoren bezeichnet werden. Kleinere Objektmerkmale können so auf einmal erfasst werden. Man bezeichnet dies als Messen »im Bild« (s. Abb. 58, S. 92). Bei der Röntgentomografie wird das Volumen des Objekts vollständig erfasst. Für die dimensionelle Messung werden die Materialübergänge (Oberflächen) extrahiert. Dies kann flächenhaft oder in Schnitten (linienförmig) mit beliebiger Raumlage erfolgen.

Geräte- und Werkstückkoordinaten

In Koordinatenmessgeräten werden für verschiedene Aufgaben unterschiedliche Koordinatensysteme eingesetzt, z. B. für Geräteachsen, Sensormessbereiche sowie Bezugssysteme am Werkstück und am CAD-Modell. Diese Koordinatensysteme stehen aufgrund des Funktionsprinzips der Geräte zueinander in Beziehung oder werden durch den Anwender für die

Lösung bestimmter Messaufgaben bewusst in Beziehung gesetzt.

Geräte- und Sensorkoordinaten

Das *Gerätekoordinatensystem* ist ein kartesisches Koordinatensystem, auf das die Lage der Messpunkte bezogen wird. In diesem Koordinatensystem ist auch die Sensorposition definiert. Hierbei sind die Positionen aller Geräteachsen inklusive der Werkstück-, Dreh- und Schwenkachsen sowie Korrekturen von Geometrie-, Temperaturabweichungen und anderen Effekten berücksichtigt. Im *Sensorkoordinatensystem* wird bei messenden Sensoren primär die Lage der Messpunkte zum Sensorbezugspunkt erfasst. Bei schaltenden Sensoren wird dies durch Erkennung des Bezugspunkts des Sensors (Triggerpunkt) ersetzt. Die Berechnung der Koordinaten der Messpunkte im Gerätekoordinatensystem erfolgt dementsprechend durch Überlagerung der Sensorposition in Gerätekoordinaten mit den Messpunkten in Sensorkoordinaten.

Messen »am Bild«

Bei Sensoren mit eigenem mehrdimensionalem Messbereich nennt man das Messen von Merkmalen unter Nutzung verschiedener Sensorpositionen Messen »am Bild« im Unterschied zum Messen »im Bild« (Abb. 58).

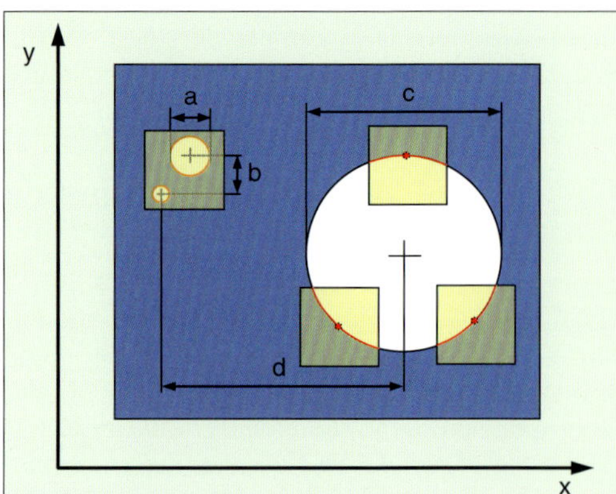

Abb. 58: Messung »im Bild« und »am Bild«: Der Durchmesser a und der Abstand b werden an einer Sensorposition »im Bild« gemessen. Der Kreis mit dem Durchmesser c wird aus verschiedenen Sensorpositionen x, y im Gerätekoordinatensystem ermittelt und somit »am Bild« gemessen; Analoges gilt auch für den Abstand d.

Die Berechnung von Maßen bzw. Merkmalen aus den so ermittelten Messpunkten setzt die Definition der zugehörigen Bezugssysteme voraus. Diese sind oft in der technischen Zeichnung des Werkstücks vorgegeben oder müssen vom Anwender festgelegt werden. Die Länge eines Parallelendmaßes z. B. kann nur senkrecht zu den Endmaßflächen richtig gemessen werden. Durch Setzen des Nullpunkts, der Achsrichtung und der Raumlage des *Werkstückkoordinatensystems* bezogen auf vorab gemessene Merkmale des Werkstücks (»Werkstückausrichtung«) wird dies gewährleistet. Die nachfolgenden Messungen werden nun in diesem Koordinatensystem ausgeführt und dargestellt (Abb. 59). Häufig werden für verschiedene Merkmale oder Merkmalsgruppen am gleichen Werkstück verschiedene Bezugssysteme verwendet. Im automatischen Messbetrieb werden die Werkstückkoordinaten für das Posi-

Abb. 59: Gerätekoordinatensystem (a) und Werkstückkoordinatensystem (b) eines schief liegenden Objekts, definiert an einer Zylinderachse (c) für die räumliche Ausrichtung der z-Achse und der Flächennormalen einer Quaderseitenfläche (d) für die Ausrichtung der x-Achse. Die Lage der y-Achse ergibt sich aus dem Schnittpunkt der Zylinderachse mit der oberen Quaderfläche als Koordinatenursprung (e).

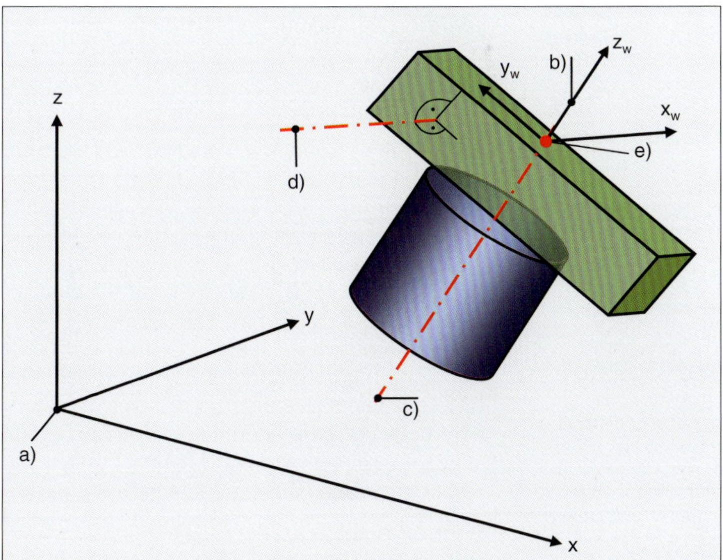

tionieren automatisch in Geräte- und Achskoordinaten transformiert. Um Werkstücke in verschiedenen Lagen mit dem gleichen Programm messen zu können, wird das Werkstückkoordinatensystem vorab grob mit wenigen Punkten eingemessen oder durch Aufnahme in einer Vorrichtung definiert. Danach wird das Werkstückkoordinatensystem als Teil des Programms nochmals genauer bestimmt. Ein eindeutiges, reproduzierbares und vergleichbares Messen ist nur nach exakter Definition der Werkstückkoordinatensysteme möglich.

Werkstückkoordinaten

Sollen beim Messen die Informationen aus einem CAD-Datensatz benutzt werden (Sollmaße entnehmen, Messablauf steuern, Soll-Ist-Vergleich durchführen), müssen die CAD-Daten und die Messpunkte zueinander in die richtige Lage gebracht werden. Dieser Abgleich kann auf verschiedenen Wegen erfolgen:

Überlagerung der Messpunkte mit CAD-Daten

- Bestimmen von Koordinatensystemen aus gleichen Bezugselementen am Werkstück und am CAD-Modell und anschließendes Übereinanderlegen (Nullpunkt, Achsen)
- Optimierung der Lage der gemessenen Punkte relativ zum CAD-Modell so, dass die Abweichungen so klein wie möglich sind (Bestfit, s. *Vergleichen zu CAD-Daten*, S. 81 ff.)
- Optimierung der Lage der gemessenen Punkte relativ zum CAD-Modell so, dass die Toleranzzonen so wenig wie möglich ausgenutzt bzw. überschritten werden (ToleranceFit®, s. *Vergleichen zu CAD-Daten*, S. 81 ff.)
- Bestimmung der Lage von definierten Messpunkten am Messobjekt und am CAD-Modell mit nachfolgender Einpassung unter Berücksichtigung definierter Freiheitsgrade für diese Referenzpunkte (Mehr-Punkt-Ausrichtung, auch RPS-Ausrichtung).

Beim Abgleich wird der CAD-Datensatz automatisch transformiert und in der richtigen

Lage zu den Messpunkten in Gerätekoordinaten dargestellt. Danach können wie oben beschrieben Werkstückkoordinatensysteme gesetzt werden. Diese gelten dann sowohl für die Messpunkte als auch für das CAD-Modell.

Messen während der Bewegung

Messen OnTheFly®

Mit dem Bildverarbeitungssensor wird konventionell im Start-Stopp-Betrieb (statisches Messprinzip) gemessen. Wie bei taktilen oder optischen Abstandssensoren kann auch mit der Bildverarbeitung ohne Anhalten der Koordinatenachsen gemessen werden. Bei dieser Betriebsart (*OnTheFly®*) werden die Achsenpositionen exakt synchron zur Bildaufnahme gespeichert. Um Unschärfen zu vermeiden, erfolgt die Bildaufnahme während der Bewegung mit kurzer Integrationszeit und gegebenenfalls bei reduzierter Achsengeschwindigkeit. Zum Ausgleich der kurzen Belichtungszeit kann die Beleuchtung im Blitzmodus heller betrieben werden. Als positiver Nebeneffekt unterdrückt das Blitzen Fremdlichteinflüsse. Insbesondere bei Messobjekten mit vielen Merkmalen führt dieses Vorgehen zu einer erheblichen Messzeitreduzierung um 90 % und darüber. Das Verfahren kann durch Einsatz von Drehachsen auch im Zusammenspiel von translatorischen und rotatorischen Bewegungen angewendet werden, z. B. für Steuerkolben und Werkzeuge.

Rasterscanning während der Bewegung

Beim »Rasterscanning HD« (s. *Bildverarbeitungssensoren*, S. 13 ff.) erfolgt ebenfalls eine kontinuierliche Bildaufnahme während der Bewegung. Neben der Digitalisierung des gesamten Werkstücks ist auch die Erfassung ausgewählter Bereiche möglich. Hierzu folgt der Sensor einer beliebigen 2D- oder 3D-Vorgabebahn, Messzeit und Datenmenge werden weiter reduziert. Bei Messungen in Verbindung

Mantelflächen schnell messen

mit Drehachsen werden die während der Drehung aufgenommenen Einzelbilder zu einem »abgewickelten« Gesamtbild der Mantelfläche des rotationssymmetrischen Messobjekts zusammengesetzt (Werth »Rasterscanning HD ROTARY«). Hierbei wird auch die Taumelbewegung des Werkstücks mikrometergenau berücksichtigt. Das resultierende Bild wird mit der Bildverarbeitungssoftware ausgewertet und die Maße mit einer Messsoftware bestimmt. Ein Beispiel der Anwendung dieser Technologie ist die Messung der Geometrie von Implantaten zur Aufweitung und Stabilisierung von Blutgefäßen (Stents). Der gesamte Stent kann unabhängig von der Anzahl der Merkmale in wenigen Minuten komplett mikrometergenau gemessen werden. Weitere Einsatzmöglichkeiten für das Messverfahren liegen u. a. in der Messung von Steuer- oder Hydraulikkolben im Maschinenbau oder des Stoßspiels von Kolbenringen im Automobilbau.

Hüllkonturscanning

Beim Hüllkonturscanning werden ebenfalls Bilder während der Bewegung des Werkstücks mit einer Drehachse aufgenommen. Es wird jedoch nicht die Mantelfläche, sondern die einhüllende Außengeometrie des Werkstücks gemessen, z. B. die Wirkkontur eines Formfräsers. Die Durchlichtbilder jeder Drehstellung werden positionsrichtig (Taumelkorrektur) addiert. Auf diese Weise lassen sich verschiedenste Werkzeuge für die spanende Fertigung funktionsgerecht messen.

Multisensorik

Die Anwendung verschiedener Sensoren (Multisensorik) kann viele Einzweckmessgeräte ersetzen. In Multisensor-Koordinatenmessgeräten werden deshalb verschiedene der oben beschriebenen Sensoren kombiniert eingesetzt. Abhängig von den prinzipiellen Ei-

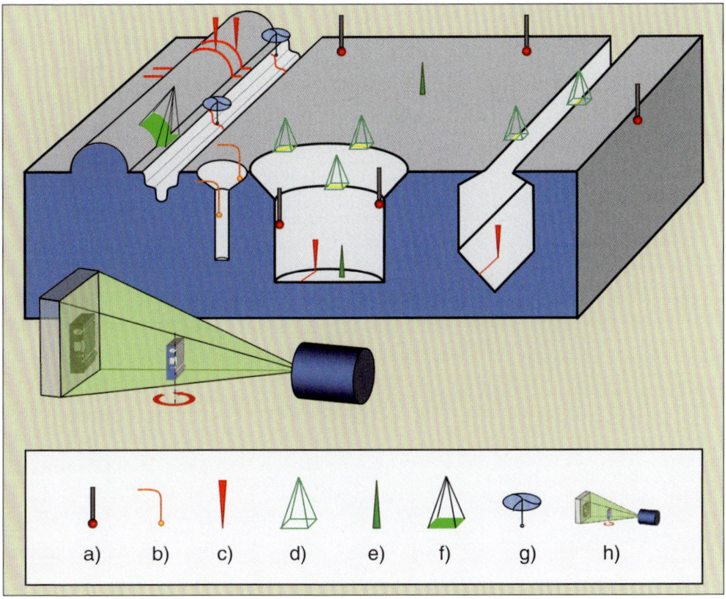

Abb. 60: Multisensorik: typische Einsatzfälle unterschiedlicher Sensoren:
a) konventioneller Taster
b) Werth Fasertaster®
c) Laser
d) Bildverarbeitung
e) Autofokus
f) Werth 3D-Patch
g) Werth Fasertaster® 3D
h) Röntgentomografie-Sensor

genschaften der Sensoren ergeben sich unterschiedliche Anwendungsschwerpunkte (Abb. 60). Wesentliche anwendungsbezogene Unterscheidungsmerkmale sind die Größe der antastbaren Objektmerkmale, die Art der Objektmerkmale (Kante, Fläche), die erforderliche Genauigkeit sowie die Eignung zur schnellen Erfassung vieler Punkte (Scanning). Um komplexe Messaufgaben umfassend lösen zu können, ist oft der Einsatz mehrerer Sensoren in einem Messablauf erforderlich. Werden mehrere Sensoren auf einem Koordinatenmessgerät angeordnet, wird der nutzbare gemeinsame Messbereich um den Abstand zwischen den Sensoren reduziert. Es ist deshalb unter Umständen ein größeres Grundgerät erforderlich. Von Vorteil sind hier Sensoren, die mehrere Funktionen an einer Position vereinen, wie der Werth Fasertaster® 3D

(s. *Messende taktil-optische Sensoren*, S. 45 ff.). Mit dem Werth-Multisensorsystem lassen sich weitere Sensoren automatisch vor dem Strahlengang des Bildverarbeitungssensors einwechseln. Alternativ können die verschiedenen Sensoren auf unabhängige Sensorachsen verteilt werden, um gegenseitige Einschränkungen oder Kollisionen mit dem Werkstück zu verhindern.

Multisensorik in der Praxis

Durch die Möglichkeit, zwischen verschiedenen Sensoren zu wechseln, lässt sich die Oberfläche eines Teils auch bei komplexer Form nahezu komplett erfassen. Die Rüstzeiten für den Sensorwechsel entfallen vollständig, die komplette Messaufgabe kann in einer Aufspannung abgearbeitet werden. Auch die Anordnung mehrerer gleichartiger Sensoren mit unterschiedlichen Parametern wie Tastkugeldurchmesser, Messbereich bzw. Auflösung oder optischer Vergrößerung ist gegebenenfalls sinnvoll. Ein häufig anzutreffendes Beispiel ist die Kombination zweier Bildverarbeitungssensoren mit hoher Vergrößerung für genaues Messen und niedriger Vergrößerung (oder Zoom) für den Überblick. Multisensoranordnungen eignen sich z.B. auch, um die nur wenig genau bekannte Position einer Bohrung durch optische Messung mit niedriger Vergrößerung »einzufangen« und anschließend den Durchmesser mit hoher Vergrößerung oder die Achsrichtung und Form der Bohrung mit einem Taster zu messen.

Optisch »fangen« – taktil messen

Eine weitere Möglichkeit besteht darin, die räumliche Lage von Teilen taktil zu messen, das Werkstückkoordinatensystem danach auszurichten und anschließend kleine komplizierte Merkmale optisch zu messen.

Multisensorik und Tomografie

Die Multisensorik dient bei Koordinatenmessgeräten mit Röntgentomografie auch zur Genauigkeitssteigerung durch das Autokorrekturverfahren [8] oder zur Verkürzung der Mess-

zeit durch kombiniertes Messen. Man kann z.B. das Messobjekt mit einem taktilen oder optischen Sensor einmessen und danach nur die interessierenden Zonen des Werkstücks in hoher Vergrößerung tomografieren. Auch ist es möglich, das komplette Werkstück in geringerer Auflösung zu tomografieren und eng tolerierte Merkmale mit anderen Sensoren zu messen. In beiden Fällen wird das relativ zeitaufwendige Rastertomografieren in hoher Auflösung umgangen.
Zusammengefasst bieten Multisensor-Koordinatenmessgeräte u.a. folgende wesentliche Vorteile:

Multisensorik bietet viele Vorteile

- Verschiedenste Messaufgaben können mit einem Gerät gelöst werden.
- Messobjekte mit Merkmalen, die den Einsatz verschiedener Sensoren erfordern, können in einer Aufspannung in gemeinsamen Bezugssystemen gemessen werden.
- Durch Auswahl des jeweils optimalen Sensors kann bei angepasster Genauigkeit die Messzeit verringert werden.

Die genannten Vorteile haben in den vergangenen Jahren zu einer wachsenden Verbreitung dieser Technologie geführt. Multisensor-Koordinatenmessgeräte werden in vielen Wirtschaftszweigen eingesetzt. Schwerpunkte sind die Kraftfahrzeug-Zulieferindustrie, der Werkzeugbau, die Konsumgüterindustrie und die Medizintechnik.

Einmessen der Sensoren

Bestimmte Parameter von Sensoren sind von Exemplar zu Exemplar verschieden. Die Sensoren müssen deshalb durch den Hersteller oder, bei sich verändernden Parametern, durch den Anwender eingemessen werden. Die Parameter werden durch Messen von speziellen

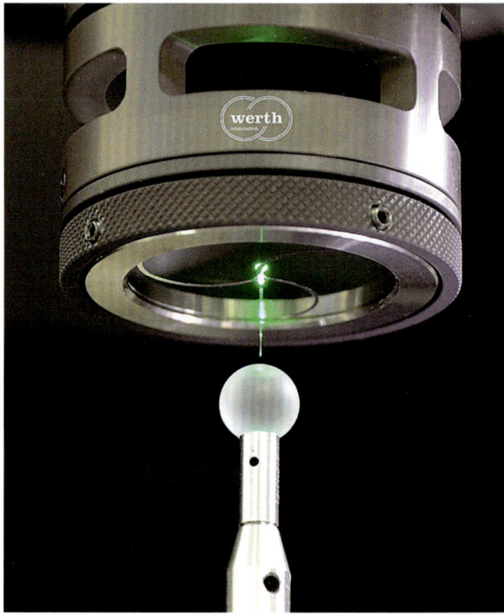

Abb. 61: Universaleinmesskugel mit Werth Fasertaster® 3D

Universelles Einmessnormal

Normalen mit den im Koordinatenmessgerät installierten Sensoren bestimmt. Durch ein möglichst universelles, für viele Sensoren geeignetes Normal erfolgt dies einfach und wirtschaftlich (Abb. 61).

Bestimmung von Tastkugeldurchmesser und -position

Bei taktilen Sensoren muss der Durchmesser der Tastkugel ermittelt werden, damit er bei den Messungen berücksichtigt werden kann. Beim Einmessvorgang wird der Durchmesser der Einmesskugel (Tastereinmesskugel oder Universaleinmesskugel) mit einer vorgegebenen Strategie automatisch gemessen und die Abweichung vom kalibrierten Wert zur Berechnung des Tastkugeldurchmessers verwendet. Hierbei wird nicht nur der Kugeldurchmesser erfasst, sondern z. B. auch die Durchbiegung des Tasterschafts. Für sehr genaue Messungen werden zusätzlich die Form der Tastkugel und die Richtungsabhängigkeit des

Tasters mit vielen Messpunkten auf der Einmesskugeloberfläche ermittelt und bei der Messung korrigiert. Der Einmessvorgang für Tastkugeln ist für jedes zu verwendende Tastelement durchzuführen.

Einmessen von Kennlinien und Vergrößerung

Bei messenden Sensoren mit taktiler oder optischer Antastung ist der Verlauf der Auslenkkennlinien der Sensorachsen (Abhängigkeit des Messsignals von der Auslenkung) zu erfassen. Das Einmessen erfolgt meist durch den Hersteller durch schrittweises Messen vieler Punkte über den gesamten Messbereich der Sensorachsen. Auch dies wird durch automatische Programme unter Verwendung der Universaleinmesskugel realisiert und kann so im Bedarfsfall auch vom Anwender durchgeführt werden (z. B. bei Austausch von kompletten Tastern und besonderen Genauigkeitsanforderungen). Für Sensoren mit weniger als drei Dimensionen können die Sensorkennlinien auch an ebenen Flächen oder ringförmigen Strukturen ermittelt werden. Die Vergrößerung und eventuelle Abbildungsfehler von Bildverarbeitungssensoren werden z. B. häufig mit Chromstrukturen auf Glasplatten eingemessen.

Spezielle Oberfläche für viele Sensoren

Durch Anwendung von Wechseleinrichtungen, Schwenkgelenken oder Mehrfachtasteranordnungen müssen bei taktilen Sensoren häufig verschiedene Tasterpositionen berücksichtigt werden. Der dadurch bedingte Versatz wird durch Einmessen des Kugelmittelpunkts der Einmesskugel bestimmt. Die prinzipiell gleiche Vorgehensweise wird auch bei Verwendung verschiedener Sensoren in Multisensor-Koordinatenmessgeräten gewählt. Hierfür muss die Einmesskugel mit allen Sensoren in einer festen Position erreichbar sein. Um das Messen der Kugelposition mit den verschiedenen Sensoren zu gewährleisten, wird eine speziell hierfür gefertigte Oberfläche eingesetzt (Abb. 61). Die Software berücksichtigt nach dem Einmessen automatisch den Abstand zwischen den Sensoren. Alle Messpunkte erscheinen im gemeinsamen Gerätekoordinatensystem. Die verschiedenen Sensoren können so innerhalb eines Messablaufs kombiniert eingesetzt werden.

Antastkraft

Verformung bei kleinen Tastkugeln

Beim Antasten von Werkstücken mit taktilen Sensoren treten Antastkräfte auf, die prinzipiell zur Durchbiegung des Schafts und zur Verformung der Tastkugel und der Werkstückoberfläche führen. Oft sind die hierdurch verursachten Effekte vernachlässigbar. Insbesondere beim Messen weicher Materialien wie Kunststoff oder Aluminium mit konventionellen (taktil-elektrischen) Tastern mit Tastkugeldurchmessern kleiner als 1 mm treten jedoch unter Umständen bleibende Verformungen und

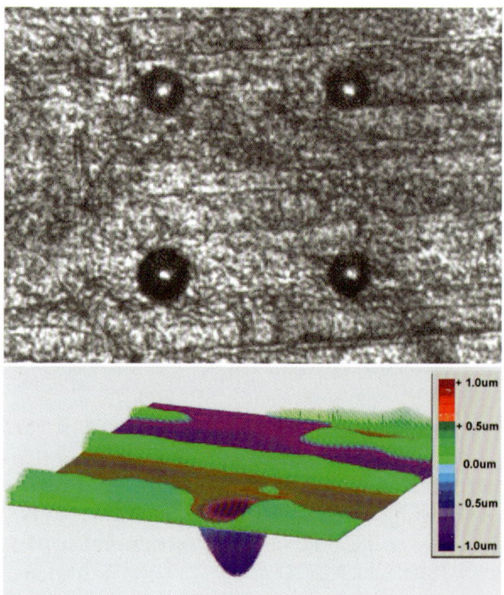

Abb. 62: Verformung des Messobjekts (Kunststoff) nach Antastung mit herkömmlichem taktil-elektrischem Taster (Rubin, Durchmesser 130 µm, Auslenkung 100 µm): Mikroskopbild (oben) und Profil (unten, gemessen mit konfokalem Flächensensor NFP)

somit Beschädigungen des Werkstücks auf (Abb. 62). Die für die Messung von Mikroteilen eingesetzten Spezialtaster weisen Tastkugeldurchmesser von einigen 10 µm auf. Hierdurch wird das Problem der Berührung des Messobjekts verschärft, da die Antastkraft auf eine sehr kleine Fläche wirkt. Außerdem werden die Taster beim taktilen Messen in der Größenordnung der Teiletoleranz ausgelenkt, um ein sicheres Auffinden der Werkstückoberfläche oder das Kontakthalten im Scanningbetrieb bei akzeptabler Messgeschwindigkeit zu gewährleisten. Bei hohen Messgeschwindigkeiten und starken Unebenheiten des Werkstücks wird die Mindestauslenkung oft um ein Vielfaches überschritten und es werden somit höhere Antastkräfte verursacht.

Vorsicht bei empfindlichen Werkstücken

Bei der Antastung werden sowohl die Tastkugel als auch das Messobjekt verformt. Die zunächst punktförmige Berührung geht durch die Verformung entsprechend der Elastizität der Werkstoffe in eine flächenförmige Berührung über. Eine bleibende Verformung wird vermieden, wenn die zulässige Flächenpressung (Hertz'sche Pressung) nicht überschritten wird [1]. Die praktisch auftretenden bleibenden Verformungen sind jedoch immer kleiner als die ursprüngliche Eindringtiefe der Kugel. Bei weichen Materialien wie Kunststoffen oder Aluminium sind die Eindringtiefen erheblich größer, weshalb hier auch das größte Risiko für bleibende Verformungen besteht. Zusätzliche Kräfte, die die Verformung vergrößern, entstehen durch das abrupte Aufschlagen der Tastkugel beim punktförmigen Antasten. Eine ausreichend exakte Vorausberechnung der eventuell bleibenden Verformung ist wegen der vielen nicht exakt bekannten Parameter nicht möglich. Bei Tastkugeldurchmessern kleiner als 1 mm ist erfahrungsgemäß eine experimentelle Unter-

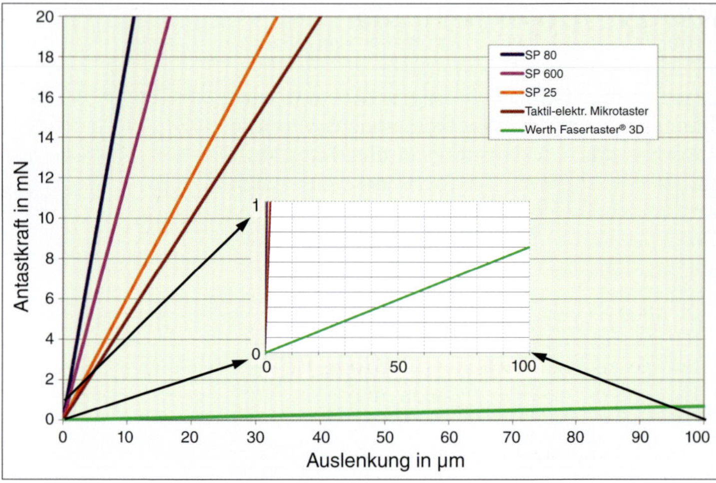

Abb. 63: Antastkraft als Funktion der Auslenkung für unterschiedliche taktile Sensoren im Vergleich

Fasertaster vermeiden das Problem

suchung der resultierenden Beschädigungen zu empfehlen.

Abbildung 63 zeigt, dass mit konventionellen Tastsystemen und Mikrotastern nach dem taktil-elektrischen Prinzip schon bei geringen Auslenkungen relativ hohe Antastkräfte auftreten. Aufgrund der oben beschriebenen Zusammenhänge ist deshalb eine Beschädigung des Werkstücks bei kleinen Tastkugeldurchmessern nicht auszuschließen. Beim Fasertaster (s. *Messende taktil-optische Sensoren*, S. 45 ff.) sind die auftretenden Kräfte um ca. den Faktor 100 kleiner. Selbst bei Auslenkung über den Messbereich hinaus kann eine Beschädigung des Messobjekts sicher ausgeschlossen werden.

Messgenauigkeit

»Genauigkeit« ist ein Sammelbegriff

Unter dem Begriff Messgenauigkeit wird umgangssprachlich alles verstanden, was die Präzision der Messergebnisse charakterisiert. Im Detail zeigt sich jedoch, dass zwischen verschiedenen Kategorien zu unterscheiden ist:

- Beschreibung des kleinsten unterscheidbaren Schrittes der mit Sensoren und Geräten gemessenen Werte oder auch der kleinsten messbaren Merkmale (*Auflösung*)
- Definition von Kenngrößen und Verfahren zu deren Überprüfung, um die messtechnische Leistungsfähigkeit von Koordinatenmessgeräten zu spezifizieren (*Spezifikation, Annahmeprüfung, Überwachung*)
- Unsicherheit der Messergebnisse beim Messen von Merkmalen an Werkstücken unter Berücksichtigung aller Einflussfaktoren (*Messunsicherheit*) und Verfahren zu deren Ermittlung
- Festlegung und Überprüfung der geeigneten Werte für das Verhältnis von Messunsicherheit zu Merkmalstoleranz (*Messprozesseignung*).

Rückführung sichert Vergleichbarkeit

Wichtig ist auch, die Rückführbarkeit der Messergebnisse auf internationale Standards zu beachten. Diese stellt sicher, dass Maße weltweit gleich gemessen werden. Sollen unternehmensinterne Prozesse geregelt werden, reicht oft allein die Betrachtung der Reproduzierbarkeit aus.

Im Folgenden wird auf die oben genannten Aspekte der Messgenauigkeit detaillierter eingegangen. Wegen der besonderen Bedeutung des Temperatureinflusses wird auf diesen Gesichtspunkt in einem separaten Abschnitt eingegangen.

Auflösung

Auflösung von Strukturen oder Orten

Die Auflösung ist die Fähigkeit eines Messgeräts, kleine quantitative Unterschiede einer physikalischen Größe (z. B. Länge, Strom) zu unterscheiden. In der Koordinatenmesstechnik sind die *Strukturauflösung* und die *Ortsauflösung* von Bedeutung und sorgfältig zu unterscheiden: Die Strukturauflösung eines Koordinatenmessgeräts beschreibt die kleinstmögliche Größe von Strukturen (Objektmerkmale wie Bohrungen und Radien), die noch getrennt von anderen benachbarten Strukturen erfasst (Abtasttheorem) und gemessen (ausreichend viele Punkte pro Merkmal) werden können. Hingegen beschreibt die Ortsauflösung des Koordinatenmessgeräts die kleinste messbare Ortsdifferenz der Messpunkte. Beide Parameter wirken sich auf die Kenngrößen und auf die Messunsicherheit beim Einsatz von Koordinatenmessgeräten aus. Diese werden jedoch, wie in den nachfolgenden Abschnitten erläutert, durch viele weitere Faktoren beeinflusst.

Strukturauflösung

Strukturauflösung bei Bildverarbeitung: Vergrößerung und Pixelgröße

Bei Bildverarbeitungssensoren kann die Strukturauflösung durch die Wahl der Vergrößerung in weiten Grenzen beeinflusst werden (hohe Vergrößerung ergibt hohe Auflösung). Die für die Auflösung bedeutsame Pixelgröße wird hierdurch angepasst. Zugleich verändert sich jedoch auch die Größe des Gesamtbildes und somit der Messbereich »im Bild« – eine hohe Pixelanzahl führt zu einem entsprechend großen Messbereich. Aus dem Verhältnis von Bildpunktgröße zu Messbereich ergibt sich die relative Strukturauflösung. Sie entspricht dem Kehrwert der Bildpunktanzahl in der jeweiligen Richtung und liegt bei üblichen Sensoren zurzeit (Stand 2019) in der Größenordnung 1/1000 bis 1/5000. Bei einer relativen Strukturauflösung von 1/1000 können z. B. in einem Messfeld von 100 mm Länge nur Merkmale deutlich größer als 0,1 mm aufgelöst und gemessen werden.

Abstandssensoren: axiale und laterale Auflösung

Für optische Abstandssensoren kann zwischen der axialen Auflösung in Richtung der optischen Achse (nicht ganz treffend auch als »vertikal« oder »in z-Richtung« bezeichnet) und der lateralen (»horizontalen«) Auflösung in der Messebene unterschieden werden. In den Richtlinien der Reihe VDI/VDE 2617 [9] sind für lateral messende Sensoren (Blatt 6.1) und für Abstandssensoren (Blatt 6.2) Verfahren zur Bestimmung und Überprüfung der Strukturauflösung beschrieben, die auf der Bestimmung der Modulationsübertragungsfunktion basieren. Als Prüfkörper dienen Kanten oder sinusförmige Gitter verschiedener Wellenlängen. Für Abstandssensoren dürfen auch andere Strukturnormale wie Bohrungen, Spalte, Stifte oder Kugeln durch den Hersteller definiert werden.

Test der Strukturauflösung: Messen kleiner Merkmale

Für taktile und Röntgentomografie-Sensoren ist die Unterscheidung in axiale und laterale Auflösung nicht sinnvoll. Die von den optischen Sensoren bekannten Verfahren können jedoch in angepasster Form angewendet werden. Zudem wird in VDI/VDE 2617 Blatt 13 (auch VDI/VDE 2630 Blatt 1.3) für Röntgentomografie-Sensoren ein alternatives Verfahren beschrieben. Dieses basiert auf der Bestimmung der Größe kleinster messbarer Strukturen, wie Kugeln oder Kugelanordnungen. Eine verbindliche Normung zur Auflösung existiert jedoch wegen fehlender praktischer Erfahrungen noch nicht. Die oben beschriebenen Verfahren sind nur Empfehlungen. In der Normenreihe DIN EN ISO 10360 [10] werden diese Verfahren für optische Abstandssensoren (Teil 8) ebenfalls empfohlen. Für taktile (Teil 5) und lateral messende optische Sensoren (Teil 7) ist dies zurzeit nicht geplant. Praktisch ist die Strukturauflösung bei taktilen Sensoren leicht anhand der Tastkugelradien abschätzbar.

Strukturauflösung und Röntgentomografie

Für die Anwendung der Röntgentomografie für Inspektionsaufgaben (z.B. Lunkersuche) wird die Strukturauflösung der Volumendaten (Voxel) mit der Modulationsübertragungsfunktion beschrieben. Der so berechnete Kennwert in der Einheit »Linienpaare pro mm« legt eine prüftechnische Grenze der Erkennbarkeit einer Struktur fest, lässt jedoch keine hinreichenden Schlussfolgerungen auf die Messbarkeit von Merkmalen zu. Für diesen Kennwert einer Strukturauflösung wird in der traditionellen Röntgentomografie im deutschen Sprachraum in nicht ganz treffender Weise der Begriff Ortsauflösung (engl., fachlich richtig: *spatial resolution*) verwendet.

Ortsauflösung

Die Ortsauflösung von Koordinatenmessgeräten wird durch die Auflösung der verwendeten Maßstabssysteme (hier immer Ortsauflösung) und die Ortsauflösung der Sensoren bestimmt. Bei Bildverarbeitungs- und Röntgentomografie-Sensoren wird die Ortsauflösung der Sensoren zunächst auch durch die Pixel- bzw. Voxelgröße der Kamera bzw. des Röntgendetektors und die Strukturauflösung der anderen Systemkomponenten [8] bestimmt.

Ortsauflösung besser als Strukturauflösung

Durch Grauwertinterpolation (Subpixeling, Subvoxeling) wird jedoch die Ortsauflösung deutlich über die Strukturauflösung erhöht. Nur so lässt sich eine ausreichend hohe Ortsauflösung des Gesamtsystems bei akzeptablen Messbereichen der Sensoren erreichen.

Zu beachten ist, dass die Ortsauflösung sehr viel kleiner sein muss als die angestrebte Messunsicherheit. Das bedeutet, dass z.B. bei einer Messunsicherheit von wenigen Mikrometern eine Ortsauflösung des Sensors von deutlich unter 1 µm notwendig ist. Hieraus ergeben sich relativ kleine Sensormessbereiche (maximal wenige 100 mm). Die Messung komplexer Teile mit größeren Messbereichen erfordert somit, die Sensoren mit Hilfe der Koordinatenmessgeräteachsen zu positionieren. Dies entspricht dem schon beschriebenen Messen »am Bild« bzw. der Rastertomografie.

Messbereich vs. Auflösung

Spezifikation und Annahmeprüfung

Die wichtigste Eigenschaft eines Koordinatenmessgeräts ist sein Beitrag zur erzielbaren Messunsicherheit in einem Messprozess. Der Anwender muss zur Geräteauswahl verschiedene Geräte miteinander vergleichen, Einkaufsbedingungen definieren und die Funktion kontrollieren können. In der Normenreihe DIN EN ISO 10360 [10] und den Richtlinien der VDI/VDE 2617 werden hierfür Spezifikationen definiert und Verfahren beschrieben, diese zu überprüfen. Im Prinzip konzentriert sich die Überprüfung von Koordinatenmessgeräten auf zwei Kenngrößen: die Antastabweichung und die Längenmessabweichung.

Vergleichbarkeit der Geräte

Die Prüfung der Antastabweichung (Grenzwert MPE P: *M*aximum *P*ermissible Probing *E*rror) dient zur Charakterisierung des Verhaltens der verwendeten Sensoren und der Reproduzierbarkeit einer Messung innerhalb eines kleinen Teilmessbereichs des Koordinatenmessgeräts. Hierzu wird eine kalibrierte Kugel mit einer vorgegebenen Anzahl von Messpunkten gemessen, die Spanne der Einzelpunkte um das Ausgleichselement Kugel ermittelt und mit dem Grenzwert PF (neue Schreibweise P_{Form}) verglichen. Die Differenz des aus den Punkten ermittelten Kugeldurchmessers zum kalibrierten Kugeldurchmesser

Antastabweichung

ergibt den Istwert für PS (neue Schreibweise P_{Size}). Für Punktsensoren mit Scanningfunktion sind in ähnlicher Weise zwei weitere Kennwerte definiert. Durch Scannen mehrerer Schnitte einer Kugel mit vordefinierter Bahn wird THP (neue Schreibweise $P_{Form.Sph.Scan:PP:Tact}$ – PP: predefined path) oder ohne vordefinierte Bahn THN (neue Schreibweise $P_{Form.Sph.Scan:NPP:Tact}$ – NPP: not pre-defined path) an der Kugel gemessen. Die Auswertung erfolgt analog der Antastabweichung. Diese Kenngrößen sind bisher nur für taktile Sensoren definiert (DIN EN ISO 10360 Teil 4, wird integriert in Teil 5).

Eigenschaften der Geräte …

Die erzielbare Antastabweichung wird durch die Reproduzierbarkeit des Geräts (Auflösung der Maßstäbe, Schwingungsverhalten) und bei unterschiedlichen Sensoren durch verschiedene sensorspezifische Einflussfaktoren bestimmt.

… und der Sensoren

Die Antastabweichung beim Einsatz taktiler Sensoren (DIN EN ISO 10360 Teil 5) wird vorrangig durch die Sensoreigenschaften Tastkugelform, Schaftdurchbiegung sowie Nichtlinearitäten und Umkehrspiele der Sensormechanik beeinflusst. Die Besonderheiten bei der Prüfung optischer Sensoren werden in VDI/VDE 2617 Blatt 6.1 und 6.2 sowie in DIN EN ISO 10360 Teil 7 und 8 beschrieben. Bei optischen Sensoren wird die Antastabweichung durch die Sensorauflösung, die optische Vergrößerung der Objektive, die Schärfentiefe beim Messen mit dem Autofokus und, im Fall von Abstandssensoren, z. B. auch durch den Reflexionsgrad der Materialoberfläche beeinflusst. Während das Kugelnormal mit taktilen Sensoren bidirektional von allen Seiten angetastet werden kann, ist bei manchen optischen Sensoren nur ein unidirektionales Antasten möglich. Um auch ein bidirektionales Antasten zu ermöglichen, kann ein Dreh-Schwenk-Gelenk eingesetzt werden. Dieses beeinflusst dann ebenfalls die Antastabweichung.

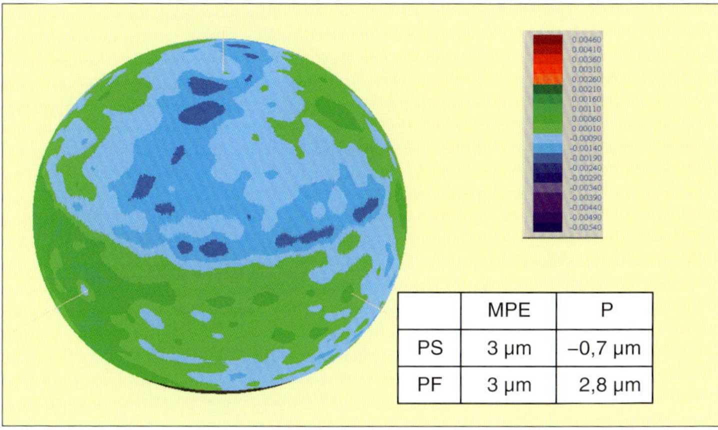

	MPE	P
PS	3 µm	–0,7 µm
PF	3 µm	2,8 µm

Abb. 64: Bestimmung der Antastabweichung (P) durch Kugelmessung: Die angegebenen Zahlenwerte beziehen sich auf die normenkonforme Messung mit 25 Punkten. In der Grafik ist zusätzlich das Ergebnis für ca. 20 000 Messpunkte veranschaulicht.

Das entsprechende Verfahren für die Überprüfung von Koordinatenmessgeräten mit Röntgentomografie wird in VDI/VDE 2617 Blatt 13 beschrieben (Abb. 64, s. auch [8]). Hier beeinflussen die gewählte Vergrößerung, die Brennfleckgröße, die eingestellte Spannung und der Strom der Röntgenröhre sowie andere Parameter das Ergebnis. Besonders hervorzuheben ist, dass das Material der eingesetzten Kugel wegen der prinzipbedingten Durchdringung durch die Röntgenstrahlung ebenfalls wesentlichen Einfluss auf die Antastabweichung hat. Die Materialauswahl wird deshalb vom Gerätehersteller abhängig vom Gerätetyp beschränkt oder festgelegt.

Längenmessabweichung

Um die Eigenschaften des Koordinatenmessgeräts möglichst vollständig zu bestimmen, sind auch Messungen unter weitgehender Ausnutzung des Gerätemessbereichs erforderlich. Hierdurch werden insbesondere die mechanischen Führungsabweichungen bzw. die Qualität der Softwaregeometriekorrektur und die temperaturbedingte längenabhängige Messabweichung erfasst. Die Längenmessabweichung (Grenzwert MPE E: *M*aximum *P*ermissible

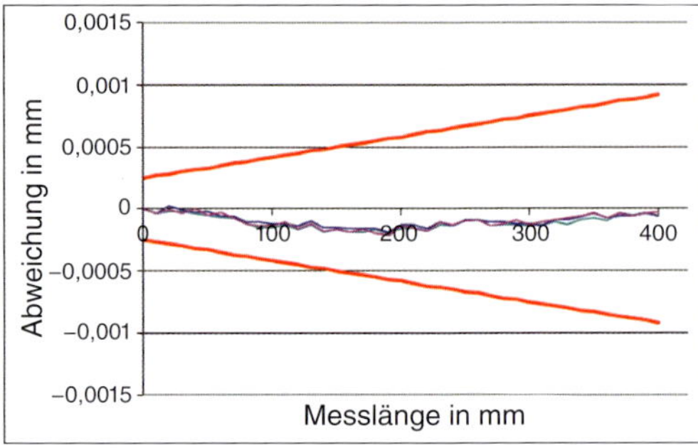

Abb. 65: Darstellung der Ergebnisse der Annahmeprüfung der Längenmessabweichung – Beispiel MPE E: (0,25 + L/600) µm; L in mm

*E*rror of length measurement) wird durch Messung fünf unterschiedlich langer Normale (größte Länge mindestens 66 % des Gerätemessbereichs) für sieben verschiedene Raumlagen überprüft. Die Werte der Längenmessabweichung sind wesentlich von der gemessenen Länge abhängig. Weil die Gerätegeometrie heute oft sehr gut korrigiert ist, liegen die Ursachen insbesondere im *Temperatureinfluss* (s. S. 119 ff.). Die Grenzwerte werden deshalb sinnvollerweise linear abhängig von der Messlänge (L) dargestellt (Abb. 65). Das konstante Glied (K) beschreibt praktisch die Reproduzierbarkeit.

Temperatur und Länge

Abhängig von den verwendeten Sensoren können verschiedene Arten von Längennormalen verwendet werden. Die Messergebnisse hängen unter Umständen stark von den eingestellten Parametern des Geräts (z. B. Antastgeschwindigkeit, Filter) und der Sensoren (z. B. Röntgenparameter, Lichteinstellungen bei Bildverarbeitung) ab. Bei allen Überprüfungen ist daher darauf zu achten, dass die im Datenblatt spezifizierten Parameter eingestellt werden. Bei Abweichungen sind zusätzliche Beiträge zur Antast- bzw. zur Längenmessabweichung oder auch günstigere Werte zu erwarten.

Betriebsparameter beachten

Taster: Stufenendmaße

Bei taktilen Sensoren wird die Längenmessabweichung durch Messung von Längen an

Parallel- oder Stufenendmaßen (DIN EN ISO 10360 Teil 2, VDI/VDE 2617 Blatt 2.1) geprüft. In der 2009 neu erschienenen Fassung der DIN EN ISO 10360 werden zudem zwei neue Kenngrößen definiert. Zur Beurteilung der Verdrehung um die vertikale Achse wird die Längenmessabweichung zusätzlich mit einem Taster bestimmt, dessen Tastkugelmitte einen seitlichen Abstand von 150 mm zur Pinolenachse aufweist. Zudem wird mit der Wiederholspanne der Längenmessabweichung für jeweils drei Messungen eine zusätzliche Kenngröße für die Reproduzierbarkeit definiert.

Bildverarbeitung: Glasmaßstäbe

Zur Überprüfung der Längenmessabweichung mit Bildverarbeitungssensoren werden die Endmaße durch Maßstäbe aus Glas mit Strichen aus aufgedampftem Chrom ersetzt (DIN EN ISO 10360 Teil 7, VDI/VDE 2617 Blatt 6.1). Die Messung erfolgt vorzugsweise analog zur Messung des Stufenendmaßes bidirektional, um den Einfluss von Umkehrspiel und Kantendetektionsverfahren zu erfassen. Die räumlichen Messungen der Längenmessabweichung sind dringend zu empfehlen, wenn im praktischen Einsatz der Messgeräte dreidimensional gemessen werden soll.

Abstandssensoren und CT: Mehrkugelnormale

Bei Abstandssensoren (Punkt-, Linien- und Flächensensoren) ist das eigentlich sinnvolle bidirektionale Antasten ohne Einsatz von Dreh-Schwenk-Gelenken nicht möglich. In diesem Fall können nach DIN EN ISO 10360 Teil 8 und VDI/VDE 2617 Blatt 6.2 Kugelplatten oder Kugelstäbe herangezogen werden. Um die Vergleichbarkeit zu taktilen Messungen an Endmaßen zu gewährleisten, ist jedoch bei dieser Messmethode eine mathematische Korrektur vorzunehmen. Diese stellt sicher, dass systematische Messabweichungen der Oberflächenpunkte bei der Überprüfung in gleicher Weise wie bei der bidirektionalen

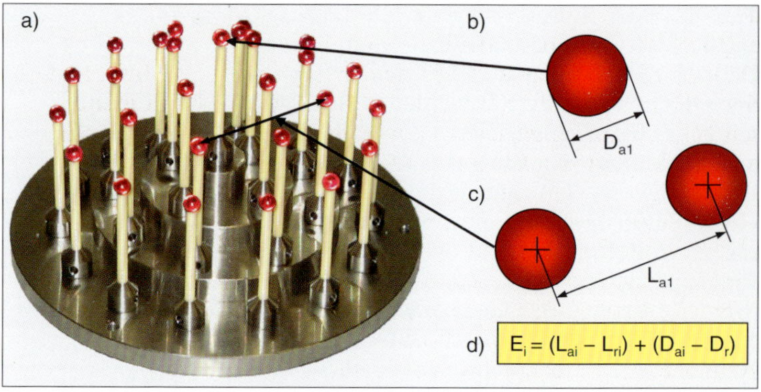

Abb. 66: Bestimmung der Längenmessabweichung E mit Kugelnormal:
a) Mehrkugeldistanznormal für Tomografiegeräte
b) Messung eines Zweipunktdurchmessers D_{a1} an einer kalibrierten Kugel (D_r) zur Realisierung der Bidirektionalität
c) Messung eines Kugelmittelpunktabstands L_{a1} an einem kalibrierten Mehrkugelnormal (L_{ri}) zur längen- und richtungsabhängigen Messung
d) Addition der Durchmesserabweichung zur Abweichung des Abstands der Kugelmittelpunkte in allen normgemäßen Richtungen und Längen

Messung von Endmaßen erfasst werden. Solche Abweichungen entstehen z. B. beim vorherigen Einmessen des Sensors (Tastkugeldurchmesser) oder durch Eigenschaften der Sensoren (Kantenortsdefinition bei Bildverarbeitung und Tomografie, Eindringtiefe des Lasers bei Abstandssensoren). Bei der Kugelmessung heben sich diese Einflussfaktoren durch Mittelung zum Teil auf. Die mathematische Korrektur erfolgt durch Addition der Antastabweichung oder der Abweichung zusätzlich bidirektional gemessener kurzer Längen in geeigneter Art und Weise (analog der Vorgehensweise bei Koordinatenmessgeräten mit Röntgentomografie, Abb. 66). Der durch Antastung der Kugeln mit gegebenenfalls vielen Messpunkten erzielte Mittelungseffekt wird so im Ergebnis korrigiert.
Für die Überprüfung von Geräten mit Röntgentomografie [8] werden ähnliche Verfahren angewendet (VDI/VDE 2617 Blatt 13). Weil mit Röntgentomografie Volumina vollständig erfassbar sind, bietet es sich an, dreidimensionale Normale (Abb. 66) zu verwenden. Es ist dann nur noch eine Messung zur Bestimmung der Längen in allen Richtungen notwendig. Die Auswahl des Materials und der Bauform

der Normale ist wegen der Durchstrahlungseigenschaften von besonderer Bedeutung.

»Genauigkeit« kann nicht spezifiziert werden

Obwohl die Normen und Richtlinien für die Spezifikation von Koordinatenmessgeräten seit über 20 Jahren angewendet werden, findet man immer wieder Geräte mit falschen Angaben zur Spezifikation. So wird z. B. als »Genauigkeit« die doppelte Standardabweichung angegeben. Derartige Angaben sind in der Regel günstiger als die normgerecht bestimmten Parameter für die Antast- und Längenmessabweichung und sagen nichts über die systematischen Messabweichungen aus.

Messunsicherheit

Jede Messung von Maßen an Werkstücken wie Länge, Winkel, Radius, Form und Lage ist mit einer Messunsicherheit behaftet. Alle auf den Messprozess wirkenden Einflussfaktoren wie Gerätetechnik, Werkstückeigenschaften, Geometrie der Merkmale, Umgebung und Bediener ergeben in der Summe ihrer Wirkungen die Größe dieser Unsicherheit. Je nach Art des Merkmals wirkt sich die Unsicherheit der Messpunkte unterschiedlich auf das Messergebnis aus. So kann bei gleicher Gerätetechnik z. B. der Radius eines Kreissektors wesentlich weniger genau gemessen werden als der eines Vollkreises. Beim Messen von Winkeln oder Achsrichtungen geht die Länge der Schenkel direkt in die Messunsicherheit ein (Abb. 67). Weitere Werkstückeigenschaften wie Form, Rauheit und Verschmutzung beeinflussen zusätzlich das Ergebnis. Bei Multisensor-Koordinatenmessgeräten sind neben anderen Geräteeigenschaften die Parameter der Sensoren besonders wichtig für die erzielbare Messunsicherheit. Gegliedert nach sechs wichtigen Sensortypen fasst Tabelle 1 zusammen, welche Parameter die Messabweichung des

Viele Faktoren beeinflussen das Messergebnis

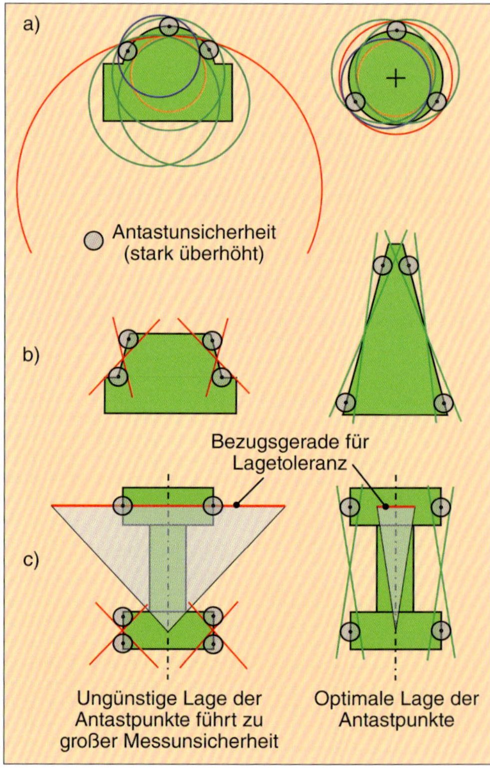

Abb. 67: Abhängigkeit der Messunsicherheit von der Geometrie der Merkmale:
a) Vergleich von Radius- und Durchmessermessung bei Kreissektor und Vollkreis
b) Winkelmessung bei unterschiedlichen Schenkellängen
c) Lagetoleranz mit unterschiedlichen Bezugslängen
Verbesserungsmöglichkeiten durch angepasste Tolerierung:
a) Linienform mit Bezugsmaß
b) Formabweichung
c) Achse durch beide Zylinder

Geräts bzw. die Messunsicherheit des Gesamtprozesses beeinflussen.

Messunsicherheit theoretisch abschätzen

Nach DIN EN ISO 15530 [11] gibt es verschiedene Methoden, die Messunsicherheit zu bestimmen: Werden nur Längenmaße gemessen, ist es möglich, die *spezifizierte Längenmessabweichung* direkt zur Abschätzung heranzuziehen. Verbesserungen der Ergebnisse, z. B. durch Messung vieler Punkte und rechnerische Besteinpassung, und der negative Einfluss der Eigenschaften des Messobjekts sind zusätzlich zu berücksichtigen. Entsprechend dem »Leitfaden zur Angabe der Unsicherheit

Taster	Fasertaster	Bildverarbeitung	Fokussensor	Lasersensor	Röntgen-tomografie
Sensorauflösung, Kennlinienlinearität, Driftverhalten, Einmessverfahren, Messgeschwindigkeit, Auswerte- und Filterverfahren, Messstrategie, Rauschen					
Tastkugel-durchmesser	Tastkugel-durchmesser	Vergrößerung	Schärfentiefe/ Apertur	Apertur	Vergrößerung
Taststiftlänge/ -steifigkeit	Taststiftlänge	Beleuchtung	Beleuchtung	Vergrößerung	Brennfleckgröße
Antastrichtung	Antastrichtung	Telezentrie	Vergrößerung	Messfleckgröße	Röhrenspannung/ -strom
Kugelradius-Korrekturverfahren	Kugelradius-Korrekturverfahren	Abbildungsfehler	Abbildungsfehler	Antastrichtung	Drehschrittzahl/ Belichtungszeit
Antastkraft	Prinzip Einkugel-/ Zweikugeltaster	Bildverarbeitungs-algorithmen	Fokus-algorithmen	Oberflächen-reflexion	Kantenerkennungs-verfahren
Prinzip Scanning-/ Einzelpunkttaster	Oberflächenkräfte	Reflexions-eigenschaften	Oberflächen-kontrast	Oberflächen-neigung	Material
Elastizität	Eintauchtiefe bei Einkugeltaster	Kantengeometrie	Oberflächen-neigung	Oberflächen-rauhheit	Werkstück-geometrie
Formabweichung	Formabweichung	Fremdlicht	Eintauchtiefe	Eintauchtiefe	Werkstücklage
Sauberkeit, Klimatisierung, Schwingungen, Temperatur, Messpunkteanzahl					

Tab. 1: Einflussfaktoren auf die Messunsicherheit: Sensoreigenschaften (grün), Werkstück- bzw. Messprozesseigenschaften (orange)

beim Messen« (GUM, [12]) ist die Messunsicherheit durch eine mathematische Überlagerung der einzeln abgeschätzten Fehleranteile als Messunsicherheitsbilanz (nicht ganz treffend auch als Messunsicherheitsbudget bezeichnet) zu bestimmen. Für den Bereich der Koordinatenmesstechnik wurde dies in VDI/ VDE 2617 Blatt 11 aufbereitet.

Messunsicherheit durch simulierte Messung bestimmen

Für die taktile Koordinatenmesstechnik kann die Messunsicherheit durch *rechnerische Simulation* abgeschätzt werden (virtuelles Koordinatenmessgerät). Dieses Verfahren ist in DIN EN ISO 15530 Teil 4 und in VDI/VDE 2617 Blatt 7 beschrieben. Für optische Koordinatenmessgeräte und Geräte mit Multisensorik oder Röntgentomografie ist dieses Verfahren nicht verfügbar, da die Fehlersimulation für diese Sensorik noch nicht beherrscht wird.
In DIN EN ISO 15530 Teil 3 ist ein Verfahren zur Bestimmung der Messunsicherheit durch Messung kalibrierter Werkstücke beschrieben.

Mit diesem Verfahren können auch Korrekturwerte ermittelt werden (Substitutionsmethode), mit denen sich der systematische Anteil der Messunsicherheit deutlich reduzieren lässt. Üblich ist dies z. B. beim Messen von Lehren und Wellen. Nicht berücksichtigt bleibt bei diesem Verfahren der Einfluss sich ändernder Oberflächeneigenschaften der Werkstücke wie die Lage der Bearbeitungsspuren, die Farbe und der Reflexionsgrad. Hierfür ist ein Test an realen Werkstücken die sicherste Methode. Dieses Verfahren wurde bisher häufig eingesetzt, um die Gesamtmessunsicherheit abzuschätzen. Es ist in zahlreichen Werksnormen beschrieben und unter dem Begriff »Messgerätefähigkeitsanalyse« eingeführt. Durch repräsentative Messungen wird sowohl die Reproduzierbarkeit getestet als auch an einzelnen kalibrierten Teilen die Rückführbarkeit der Messung überprüft.

Messunsicherheit experimentell ermitteln

Die Bestimmung der Reproduzierbarkeit der Messung erfolgt dadurch, dass verschiedene Teile gleicher Art (typische Vertreter) mehrfach gemessen werden und die Ergebnisse zusammenfassend ausgewertet werden. Es können so sowohl Umwelteinflüsse als auch Einflüsse des Messobjekts selbst (Oberfläche, Farbe) sowie Einflüsse durch den Bediener (Ein- und Ausspannen) zusammen mit den zufälligen Fehlern des Messgeräts untersucht werden. Um einen Gesamtbetrag für die Messunsicherheit zu erhalten, sind jedoch während der Testphase nicht berücksichtigte Einflussparameter wie z. B. langfristige Temperaturschwankungen zusätzlich abzuschätzen.
Bei Multisensor-Koordinatenmessgeräten ist es auch möglich, das Kalibrieren der Teile durch Messen mit hochgenauen Sensoren (z. B. mit dem Werth Fasertaster®) auf demselben Koordinatenmessgerät zu ersetzen. So können die sensorspezifischen Messabweichungen von z. B. optischen Messungen überprüft werden.

Temperatureinfluss

Abschätzung des Temperatureinflusses ist wichtig

Bei größeren Werkstücken und höheren Genauigkeitsforderungen ist der Einfluss der Temperatur abzuschätzen bzw. zu korrigieren [13]. Liegt keine Temperaturkompensation vor, ist das Messen meist nur unter Messraumbedingungen sinnvoll. Das Abschätzen der Temperatureinflüsse durch den Anwender ist in diesem Zusammenhang besonders wichtig. Dabei sind die Einflussgrößen im Messgerät, besonders das Ausdehnungsverhalten der Maßstäbe, zu berücksichtigen. Diese sind dem Anwender in der Regel nicht exakt bekannt.

Ein Sonderfall liegt vor, wenn das Material der Gerätemaßstäbe bezüglich des Ausdehnungskoeffizienten weitgehend mit dem des Messobjekts übereinstimmt. Das ist z. B. bei Stahlmaßstäben und Stahlwerkstücken grob der Fall. Wenn sichergestellt ist, dass die Temperaturen an den Maßstäben und am Werkstück weitgehend übereinstimmen, ist nicht zwingend eine Temperaturkorrektur erforderlich, um bei Temperaturen abweichend von 20 °C messen zu können. Bei größeren Temperaturabweichungen kommen jedoch auch bei solchen Geräten andere Einflüsse z. B. durch Veränderung der Gerätegeometrie hinzu, die zu Messabweichungen führen können.

Temperaturkompensation reduziert den Einfluss

Wenn das Messgerät über eine integrierte Temperaturkompensation verfügt und die Werkstücktemperatur berücksichtigt wird, kann weitgehend temperaturunempfindlich gemessen werden. Bei temperaturkorrigierten Geräten werden verschiedene Maßnahmen getroffen, um die Einflüsse der Temperatur auf den Messprozess zu reduzieren. Zu diesen Maßnahmen können gehören:

- Temperaturmessung an den Maßstäben und interne Längenkorrektur oder alternativ Maßstäbe mit thermischer Ausdehnung nahe null ohne Korrektur

- Erfassung der Werkstücktemperatur und Korrektur der temperaturbedingten Ausdehnung des Messobjekts unter Berücksichtigung seines Ausdehnungskoeffizienten
- Verwendung thermisch besonders geeigneter Werkstoffe für den Geräteaufbau z.B. mit guter Wärmeleitung oder geringer Wärmeausdehnung
- Korrektur des thermisch bedingten Geräteverzugs
- thermisch isolierter Aufbau.

Messen unter Fertigungsbedingungen

Durch diese Maßnahmen kann der Temperatureinfluss so weit reduziert werden, dass auch unter Fertigungsbedingungen mit ausreichend geringer thermisch bedingter Messunsicherheit gemessen werden kann. Zu beachten ist, dass bei Geräten mit temperaturstabilen Maßstäben (Ausdehnungskoeffizient nahe null) eklatante Messabweichungen in der Größenordnung der linearen Wärmeausdehnung des Messobjekts entstehen können, wenn die Korrektur der Werkstückausdehnung nicht korrekt erfolgt.

Ausdehnungskoeffizient muss bekannt sein

Der für die Temperaturkorrektur erforderliche Ausdehnungskoeffizient des Werkstücks wird meist Tabellen entnommen. Bei diesen Werten ist üblicherweise mit einer Abweichung in der Größenordnung von 10 % des Nominalwerts zu rechnen. Reicht dies für die Temperaturkorrektur nicht aus, muss der Koeffizient am Werkstück aufwendig kalibriert werden. Hierbei werden Kalibrierunsicherheiten in der Größenordnung von 0,1 % des Nominalwerts erreicht. Die Messabweichung A_T der Temperatur T kann je nach Qualität und Art des Temperaturmesssystems zwischen 0,5 K und 0,05 K liegen.

Aus Unsicherheitsbetrachtungen zur Temperaturkorrektur [13] und der Abschätzung möglicher maximaler Messabweichungen der Längenmessung bei abweichender Werkstück-

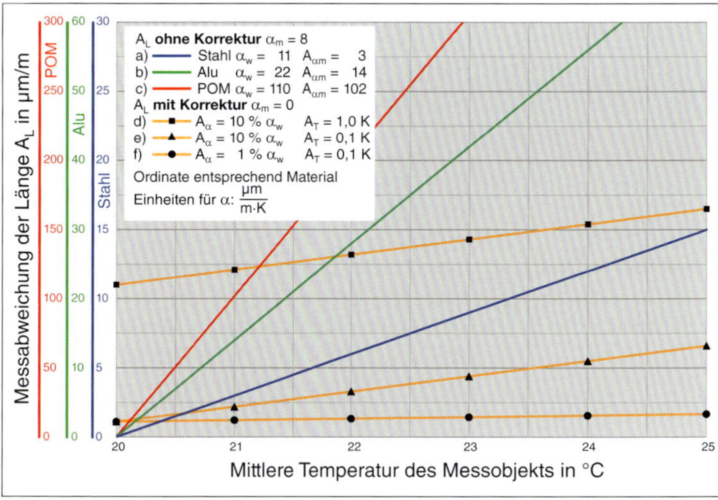

bzw. Messraumtemperatur ergibt sich, dass der Einfluss des Ausdehnungskoeffizienten sehr dominant ist (Abb. 68). Die Auswirkungen verschiedener Vorgehensweisen auf die zu erwartenden Messabweichungen werden nachfolgend anhand von vier Fällen diskutiert:

Abb. 68: Temperaturbedingte maximale Messabweichung bezogen auf die Messlänge für die Materialien Stahl (Ordinate blau), Aluminium (Ordinate grün) und den Kunststoff POM (Ordinate rot) bei verschiedenen Verfahren bzw. Parametern der Temperaturkorrektur:
a-c) ohne Temperaturkorrektur, Gerätemaßstäbe aus Glas
d-f) mit Temperaturkorrektur für die Materialien entsprechend jeweiliger Ordinate, Gerätemaßstäbe mit Ausdehnung null

- Ohne eine Temperaturkompensation wirkt sich die Differenz $A_{\alpha m}$ zwischen den Ausdehnungskoeffizienten der Gerätemaßstäbe α_m und des Werkstücks α_w aus. Üblich ist der Einsatz von Gerätemaßstäben aus Stahl oder Glas. Die Messabweichung A_L für die Bezugslänge L_0 ergibt sich aus:

$$A_L = L_0 \cdot A_{\alpha m} \cdot \Delta T, \text{ mit } \Delta T = T - 20\ °C$$

- Beim Messen von z. B. Stahl-, Aluminium- oder Kunststoffteilen treten hierdurch sehr unterschiedliche Messabweichungen auf. Aufgrund der geringen Differenz zwischen den Ausdehnungskoeffizienten von Gerätemaßstäben und Stahlteilen sind für letztere in einem relativ großen Temperaturbereich relativ geringe Messabweichungen zu erwarten. Bei Kunststoffteilen treten hingegen schon bei geringen Temperaturabweichungen unakzeptable Messabweichungen in der Größenordnung von 0,1 mm auf. Ein brauchbares Messergebnis kann praktisch nur bei der Bezugstemperatur 20 °C ± 1 K erzielt werden.

Geräteverhalten wird vernachlässigbar

- Bei einer Temperaturkorrektur wird das Maßstabsverhalten sehr gut korrigiert und kann meist vernachlässigt werden. In Verbindung mit Gerätemaßstäben aus z. B. Spezialkeramik (Ausdehnungskoeffizient nahe null) entfällt der Maßstabseinfluss fast vollständig und die maximalen Messabweichungen ergeben sich praktisch aus den Abweichungen bei der Temperaturmessung des Werkstücks A_T und der Bestimmung des Ausdehnungskoeffizienten $A_{\alpha w}$ abhängig von der Abweichung von der Bezugstemperatur ($\Delta T = T - 20$ °C) und dem Werkstückausdehnungskoeffizienten α_w:

$$A_L = L_0 \cdot (\alpha_w \cdot A_T + \Delta T \cdot A_{\alpha w})$$

Einfache Temperaturkompensation bringt Vorteile

Selbst mit relativ grober Temperaturmessung sind die Werkstücke relativ unabhängig von der Temperatur messbar, allerdings nur mit relativ großen verbleibenden Messabweichungen. Die Abweichungen nehmen proportional zum Ausdehnungskoeffizienten zu (Abb. 68d). Eine zusätzliche Kalibrierung des Ausdehnungskoeffizienten bringt keine nennenswerte Verbesserung und kann somit entfallen. Diese Vorgehensweise genügt in der Praxis in vielen Fällen und ist gegenüber dem Messen ohne Temperaturkompensation meist klar im Vorteil.

- Wird eine sehr genaue Temperaturmessung eingesetzt, verringern sich die verbleibenden

Messabweichungen erheblich (Abb. 68e). Ist der Ausdehnungskoeffizient jedoch wenig genau bekannt, wird dieser Effekt bei großen Abweichungen von der Bezugstemperatur zum Teil aufgehoben. Diese Vorgehensweise ist der allgemein zu empfehlende Fall bei normalen Temperaturbedingungen und Genauigkeitsanforderungen.

Genaue Temperaturkompensation ist optimal

- Nur bei gut bekanntem Ausdehnungskoeffizienten und genau gemessener Temperatur ist die Messabweichung zuverlässig sehr gering, auch wenn die Temperatur des Messobjekts sehr stark von der Bezugstemperatur abweicht (Abb. 68f). Diese Vorgehensweise ist allerdings wegen der Kalibrierung des Ausdehnungskoeffizienten sehr aufwendig und wird nur in Sonderfällen eingesetzt.

Kalibrierung des Ausdehnungskoeffizienten meist nicht notwendig

Für genaue Messungen oder um den Einfluss starker Temperaturschwankungen zu vermindern sind zusätzlich folgende Maßnahmen nach Bedarf anzuwenden:

Nützliche Maßnahmen

- Einhausung bei starken Temperaturschwankungen
- keine Zugluft oder direktes Anblasen des Koordinatenmessgeräts
- wenig Wärmequellen in unmittelbarer Umgebung
- möglichst großer Abstand zu den Wänden
- Wärmeisolation von Fußboden und Wänden
- keine direkte Einstrahlung durch Sonne und Beleuchtung
- elektrische Ausrüstung des Koordinatenmessgeräts und Beleuchtung im 24-Stunden-Betrieb
- Wärmeausgleich der Messobjekte vor dem Messen (Luftdusche)
- Taster und Verlängerungen aus thermisch unempfindlichen Materialien
- kurze Messzeiten für geringe Drift, alternativ wiederholtes Einmessen des Bezugssystems.

Abb. 69 (gegenüber): Einfluss der Messunsicherheit auf die verbleibende Toleranz:
T_S spezifizierte Toleranz
T_V Vertragstoleranz
U_L Unsicherheit des Lieferantenmessgeräts
T_L Toleranz zur Lieferfreigabe
U_A Unsicherheit des Messgeräts in der Warenannahme
T_A Toleranz für die Freigabe der Warenannahme von gelieferten Teilen
*A Auch Teile mit Istwert **innerhalb** der spezifizierten Toleranz müssen wegen der Messunsicherheit durch den **Lieferanten verworfen** werden.*
*B Auch Teile mit Istwert **außerhalb** der spezifizierten Toleranz müssen wegen der Messunsicherheit durch den **Abnehmer akzeptiert** werden, obwohl sie nicht verwendet werden dürfen.*
T_A und T_S stehen im Widerspruch. Die Zahlenbeispiele dienen der Veranschaulichung.

Bei besonders hohen Genauigkeitsanforderungen kann trotz aller vorher genannten Maßnahmen auf Klimaräume mit konstanter Temperatur (räumlich und zeitlich) nicht verzichtet werden. Die entsprechenden Anforderungen für die Einhaltung der Gerätespezifikation sind den Datenblättern der Koordinatenmessgeräte zu entnehmen.

Messprozesseignung

Grundsätzlich geht es bei der Überprüfung der Messprozesseignung um einen Vergleich der erzielbaren (merkmalsabhängigen) Messunsicherheit mit der ebenfalls merkmalsbezogenen Toleranz. Ein ähnliches Vorgehen wird in den oben schon erwähnten Werksnormen beschrieben. In VDI/VDE 2617 Blatt 8 werden speziell für Koordinatenmessgeräte Verfahren zur Messunsicherheitsbestimmung und zur Bewertung der Messprozesseignung erläutert und die drei Verfahren »Messunsicherheitsbudget«, »Simulation« und »Messen kalibrierter Werkstücke« unter dem Gesichtspunkt der Prüfprozesseignung (auch Messprozesseignung) beschrieben. Hierbei erfolgt im Grunde der Vergleich der Messunsicherheit mit der Merkmalstoleranz. Zur Gewährleistung der Messprozesseignung muss die Messunsicherheit deutlich kleiner sein als die jeweilige Maßtoleranz. Aus wirtschaftlichen Gründen wird häufig als Voraussetzung für die Eignung des Messprozesses ein Verhältnis von 1:10 gefordert. Bei Maßen mit sehr enger Toleranz müssen jedoch mitunter wegen der mangelnden Realisierbarkeit dieses Verhältnisses Abstriche akzeptiert und für manche Anforderungen auch schärfere Kriterien eingesetzt werden.
Durch diese Forderungen will man vermeiden, Teile freizugeben, die außer Toleranz sind, oder Teile zu verwerfen, die in Toleranz sind.

Messunsicherheit berücksichtigen

Um an den Toleranzgrenzen keine Fehlentscheidungen zu treffen, muss die jeweils vorhandene Messunsicherheit berücksichtigt werden. Die Vorgehensweise hierfür wird in zahlreichen Beiträgen [14] und der ISO-Norm 14253 behandelt.
Im oberen Teil der Abbildung 69 sind die Zusammenhänge für die Bestimmung der verbleibenden Toleranz für den Lieferanten (auch unternehmensinterne Lieferanten) dargestellt, ausgehend von der *spezifizierten Toleranz* T_S und der Messunsicherheit der Messmittel. Im allgemeinen Fall wird die spezifizierte Toleranz zur Grundlage des Liefervertrags und könnte somit auch als *Vertragstoleranz* T_V bezeichnet werden. Im Sinne der Produktqualität gelten die nachfolgend dargestellten Zusammenhänge auch für interne Fertigungseinheiten. Soll mit Sicherheit vermieden werden, dass nicht toleranzhaltige Teile freigegeben werden, muss die verbleibende Toleranz um die Messunsicherheit eingeschränkt werden.

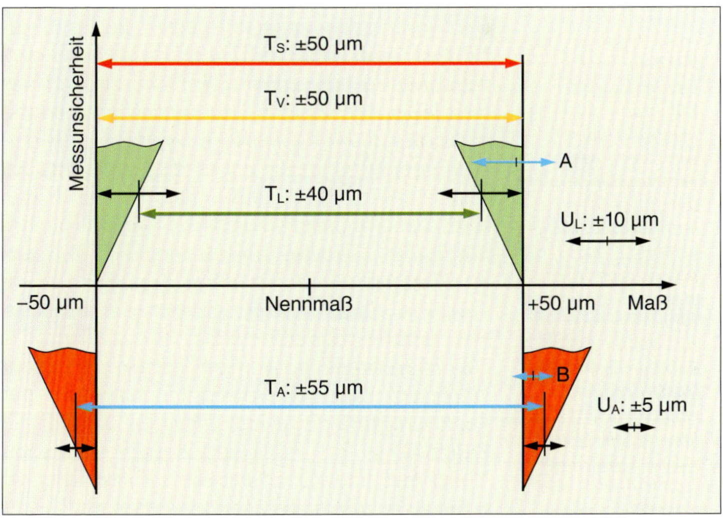

Abb. 70 (gegenüber): Vertragstoleranz:
T_A Toleranz für die Freigabe der Warenannahme von gelieferten Teilen
T_S spezifizierte Toleranz
U_A Unsicherheit des Messgeräts in der Warenannahme des Abnehmers
T_V Vertragstoleranz
U_L Unsicherheit des Fertigungsmessgeräts des Lieferanten
T_L Toleranz zur Lieferfreigabe
A Auch Teile mit Istwert innerhalb der Vertragstoleranz müssen wegen der Messunsicherheit U_L durch den Lieferanten verworfen werden.
B Teile mit Istwert außerhalb der Vertragstoleranz müssen ***wegen der Messunsicherheit*** *durch den Abnehmer* ***verworfen*** *werden.*
C Teile mit Istwert außerhalb der spezifizierten Toleranz sind ***sicher außerhalb*** *der Toleranz und ebenfalls zu* ***verwerfen****.*
T_A und T_S fallen zusammen. Die Zahlenbeispiele dienen der Veranschaulichung.

Dies sollte nach einer vorausgegangenen Abschätzung dieser Messunsicherheit für jedes Merkmal durch Änderung der Zeichnungstoleranzen in den Prüfplänen erfolgen. Bei geringer Qualität der Messtechnik müssen daher die *Fertigungstoleranzen* T_L stark eingeschränkt und dadurch höhere Anforderungen an die Stabilität und Genauigkeit des Fertigungsprozesses gestellt werden. Die zusätzlichen Fertigungskosten können Mehrkosten für den Kauf eines modernen Koordinatenmessgeräts deutlich übersteigen.

Im unteren Teil von Abbildung 69 ist der entsprechende Zusammenhang für den Abnehmer dargestellt. Dieser kann eine Ware nicht zurückweisen, die nur um den Wert der Messunsicherheit seiner eigenen Wareneingangskontrolle außerhalb der Toleranz liegt. Das bedeutet, dass die *Toleranz für die Annahme* T_A ausgehend von der spezifizierten Toleranz um die Messunsicherheit vergrößert werden muss. Dieser Aspekt hat erhebliche Konsequenzen. Der Abnehmer hat bei dieser Vorgehensweise die Wahl, Teile an der Toleranzgrenze abzunehmen und gleichzeitig für die weitere Verwendung zu verwerfen oder Teile außer Toleranz freizugeben, da die Abnahmetoleranz nicht der spezifizierten Toleranz entspricht. Man verstößt dadurch entweder gegen die Forderung nach Wirtschaftlichkeit oder gegen eine verantwortungsbewusste Qualitätssicherung. Die Ursache hierfür liegt darin, dass als Vertragstoleranz einfach die spezifizierte Toleranz ohne Berücksichtigung der Messunsicherheit verwendet wird.

Um zu vermeiden, je nach Art des Entscheidungsprozesses mit »zweierlei Maß« für die Zeichnungstoleranz zu arbeiten, sollte die Behandlung der Messunsicherheit zwischen Abnehmer und Zulieferer nach einem der folgenden Verfahren geregelt werden:

Varianten zur Berücksichtigung der Messunsicherheit

- Abnehmer und Lieferant einigen sich auf eine einmalige Prüfung. Man geht davon aus, dass nur toleranzhaltige Teile geliefert werden bzw. die Messprotokolle sind Bestandteil der Lieferung. Eine zusätzliche Wareneingangskontrolle beim Abnehmer entfällt.
- Zwischen Abnehmer und Lieferant wird eine von der spezifizierten Toleranz verschiedene Vertragstoleranz [14] vereinbart, die auch die Messunsicherheit des Abnehmers berücksichtigt.

Der Verzicht auf eine Wareneingangskontrolle legt die Verantwortung für die Teilequalität und deren Auswirkungen auf das Endprodukt vollständig in die Hände des Zulieferers. Die Klärung der hiermit im Zusammenhang stehenden Haftungsfragen ist dann von hoher Bedeutung.

Vereinbarung einer Vertragstoleranz …

Abbildung 70 zeigt die Definition einer Vertragstoleranz. Um die Verständlichkeit zu erleichtern, wird lediglich ein Beispiel für ein konkretes Merkmal bei Einsatz je eines Messgerätetyps bzw. je einer Messunsicherheit erläutert. Die Vertragstoleranz wird für das entsprechende Merkmal ermittelt, indem die spezifizierte Toleranz um die Messunsicher-

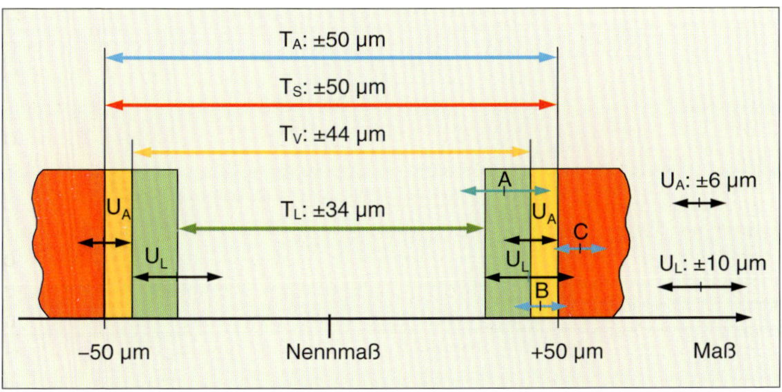

heit des Abnehmers eingeschränkt wird (Abb. 70 links: U_A). Der Lieferant muss diese Vertragstoleranz wegen seiner Messunsicherheit weiter auf die Toleranz zur Lieferfreigabe einengen (Abb. 70 links: U_L). Es ergibt sich somit folgende Toleranzkette:

$$T_V = T_S - U_A$$

$$T_L = T_V - U_L$$

… schafft eindeutige Verhältnisse

Durch diese Vorgehensweise können die Messunsicherheiten des Lieferanten und Abnehmers bei der Prüfung bezogen auf die Vertragstoleranz berücksichtigt werden. Im ungünstigsten Fall ergibt sich für den Lieferanten wieder der Wert der Toleranz zur Lieferfreigabe, für den Abnehmer die spezifizierte Toleranz als Toleranz für die Abnahme (Abb. 70 rechts: U_A bzw. U_L). Es wird vermieden, dass der Abnehmer Teile akzeptieren muss, die außerhalb der Spezifikation und somit nicht verwendbar sind, da die Toleranz für die Abnahme und die spezifizierte Toleranz identisch sind. So können eindeutige Vertragsbedingungen sichergestellt werden.

Ausblick

Koordinatenmessgeräte mit optischen Sensoren, Röntgentomografie und Multisensorik finden in der industriellen Qualitätssicherung vielfältige Anwendungen, für die eine große Anzahl von Sensoren zur Verfügung steht. Durch anwendungsspezifische Sensorkombination im Koordinatenmessgerät können für die verschiedenen Aufgabenstellungen sowohl Genauigkeit als auch Messzeit optimiert werden. Der Einsatzbereich erstreckt sich von der submikrometergenauen Messung von Mikrostrukturen und -optiken mit dem Fasertaster 3D bis zur vollautomatischen Prüfung von kompletten Fahrzeugbaugruppen mit Röntgentomografie.

Einfache Bedienung …

Die Erstellung der Prüfprogramme wird z.B. durch Einbindung von Informationen zu den geometrischen Eigenschaften in die 3D-CAD-Daten erleichtert (PMI – Product and Manufacturing Information). In der Röntgentomografie können die Einstellparameter durch integrierte Simulationsverfahren automatisch optimiert werden. Neue Verfahren wie die Betriebsart »Rasterscanning HD« des Bildverarbeitungssensors ermöglichen eine stärkere Einbindung der Koordinatenmesstechnik in die Fertigung, da sich in wenigen zehn Sekunden viele hundert Maße messen lassen. Auf dem Gebiet der Röntgentomografie führen leistungsstarke Strahlungsquellen in Kombination mit schneller Auswertetechnik dazu, dass eine qualitative Prüfung sowie die komplette Messung aller geometrischen Eigenschaften komplexer Objekte oft im Fertigungstakt durchgeführt werden können. Der allgemeine Trend zur Vielpunktmessung sowie zur Optimierung von Messunsicherheit und Messgeschwindigkeit der Geräte und Sensoren wird sich fortsetzen.

… und fertigungsbegleitende Messungen

Literatur

[1] Weckenmann, Albert (Hrsg.): *Koordinatenmesstechnik.* 2., vollständig überarb. Aufl. München: Carl Hanser, 2012.

[2] Neumann, Hans Joachim: *Koordinatenmesstechnik im industriellen Einsatz.* Landsberg: moderne industrie, 2000. (Die Bibliothek der Technik, Band 203).

[3] Neumann, Hans Joachim et. al.: P*räzisionsmesstechnik in der Fertigung mit Koordinatenmessgeräten.* 3. Aufl., Renningen-Malmsheim: expert, 2010. (Kontakt & Studium, Band 646).

[4] Christoph, Ralf: *Bestimmung von geometrischen Größen mit Fotoempfängeranordnungen.* Habilitationsschrift, Jena 1989.

[5] Woschni, Hans-Günter; Christoph, Ralf; Reinsch, A.: Verfahren zur Bestimmung der Lage einer optisch wirksamen Struktur. In: *Feingerätetechnik* 33 (1984), Nr. 5.

[6] Andräs, M.; Christoph, R.; Förster, R.; Menz, W.; Schoth, A.; Hösel, T.: Rauheitsmessungen an Mikrostrukturen mit taktilo-optischem Sensor. In: *Oberflächenmesstechnik: Innovative und effiziente Erfassung von Eigenschaften und Gestalt von Oberflächen.* Langen, 01. und 02. Dezember 2003. Düsseldorf: VDI-Verlag, 2003. S. 153–165.

[7] Europäisches Patent EP 1 861 822 B1: Verfahren und Vorrichtung zur Konturfeinermittlung eines Objektes bei bildgebenden Untersuchungsverfahren. Veröffentlicht am 20. Juli 2011, Anmelder: Werth Messtechnik GmbH, Erfinder: Steinbeiss, Heinrich.

[8] Christoph, Ralf; Neumann, Hans Joachim: *Röntgentomografie in der industriellen Messtechnik.* 3., überarbeitete Auflage. München: SZ Scala GmbH, 2017. (Die Bibliothek der Technik, Band 331).

[9] VDI/VDE 2617: Genauigkeit von Koordinatenmessgeräten – Kenngrößen und deren Prüfung.

[10] DIN EN ISO 10360: Geometrische Produktspezifikation (GPS) – Annahmeprüfung und Bestätigungsprüfung für Koordinatenmessgeräte (KMG).

[11] DIN EN ISO 15530: Geometrische Produktspezifikation und -prüfung (GPS) – Verfahren zur Ermittlung der Messunsicherheit von Koordinatenmessgeräten (KMG).

[12] ISO/IEC Guide 98-3:2008: Messunsicherheit – Teil 3: Leitfaden zur Angabe der Unsicherheit beim Messen.

[13] Neumann, Hans Joachim: Messen mit geringem Temperatureinfluss. In: *QZ Qualität und Zuverlässigkeit* (01/2008), S. 30–33.

[14] Christoph, Ralf; Neumann, Hans Joachim: Zweierlei Maß? Messunsicherheit im Fertigungsprozess. In: *Qualität und Zuverlässigkeit QZ* (06/2003), S. 625–627.

Der Partner dieses Buches

Werth Messtechnik GmbH
Siemensstraße 19
35394 Gießen
Internet: www.werth.de
E-Mail: mail@werth.de

Die Werth Messtechnik GmbH beging im Jahr 2016 ihr 65. Gründungsjubiläum. Qualität und Präzision in Verbindung mit Innovationen bilden die Grundlage für eine erfolgreiche Unternehmensentwicklung. Der erste Profilprojektor in Pultbauweise setzte 1955 ergonomische Maßstäbe. Mit ihrer Digitalisierung erhielten die Messprojektoren Ende der 60er-Jahre die Funktionalität eines Koordinatenmessgeräts. Mit dem Werth Tastauge wurde 1977 erstmals ein Glasfasersensor für Messprojektoren angeboten. Dieses Prinzip hat sich weltweit für Messungen im Durchlicht etabliert. Ebenfalls von Werth Messtechnik wurde 1980 das erste optische CNC-Koordinatenmessgerät in den Markt eingeführt.

Schon 1987 wurde ein Multisensor-Koordinatenmessgerät mit Bildverarbeitung und integriertem Lasersensor unter dem Namen Inspector® vorgestellt. Mit der Einführung der Produktlinie VideoCheck® im Jahr 1992 wurde der Grundstein für weiteres erfolgreiches Unternehmenswachstum gelegt. Die frühzeitige Integration der PC-Technik und ein streng modulares Konzept erlaubten höchste Leistungen zu akzeptablen Preisen. Werth Messtechnik entwickelte sich zum mit Abstand größten europäischen Anbieter von optischer und Multisensor-Koordinatenmesstechnik.

Sensorentwicklungen wie der Werth Fasertaster® und der Werth Zoom sowie die im Jahr 2005 weltweit erstmalige Integration der Röntgentomografie in Multisensor-Koordinatenmessgeräte bestätigen den Anspruch der Werth Messtechnik GmbH auf weltweite Technologieführerschaft in diesem Marktsegment. Moderne Entwicklungen im Bereich der Software wie BestFit, ToleranceFit® oder WinWerth®-Autoelement runden dieses Bild ab.

Die stabilen Zuwachsraten seit mehr als zwei Jahrzehnten gestatteten den Aufbau eines hoch motivierten Teams. Mehr als 300 Mitarbeiter in Deutschland sowie Vertriebs- und Servicestützpunkte in allen wichtigen Industrieländern gewährleisten, dass Werth Messtechnik auch in Zukunft modernste Multisensor-Koordinatenmesstechnik in bester Qualität und mit ausgezeichnetem Service bereitstellen kann.